Die
Geschichte des Wismuts
zwischen 1400 und 1800

Ein Beitrag zur Geschichte der Technologie
und der Kultur

Von

Professor Dr. Edmund O. von Lippmann

Dr.-Ing. e. h., Dr. rer. pol. h. c., Dr. med. h. c.
Hon.-Prof. für Geschichte der Chemie an der Universität Halle-Wittenberg
Direktor i. P. der „Zuckerraffinerie Halle' zu Halle a. S.

Springer-Verlag Berlin Heidelberg GmbH
1930

Alle Rechte, insbesondere das der Übersetzung
in fremde Sprachen, vorbehalten.

© Springer-Verlag Berlin Heidelberg 1930
Ursprünglich erschienen bei Julius Springer in Berlin 1930

ISBN 978-3-662-31377-0   ISBN 978-3-662-31582-8 (eBook)
DOI 10.1007/978-3-662-31582-8

Herrn
Dr. med. h. c. Dr. phil. h. c. Ferdinand Springer
dem weitschauenden und opfermutigen
Förderer deutscher Wissenschaft

als Zeichen aufrichtiger Dankbarkeit
und Verehrung
gewidmet

Inhaltsverzeichnis.

		Seite
1.	Vorbemerkung	7
2.	Angebliche älteste Erwähnungen des Wismuts	8
3.	Erste Nachrichten über Wismut	9
4.	Das Wismut und die Erfindung des Buchdruckes	18
5.	Herkunft des Namens Wismut	22
6.	Das Wismut im 17. Jahrhundert	28
7.	Das Wismut im 18. Jahrhundert	34
8.	Rückblick	38
	Namen- und Sachverzeichnis	39

1. Vorbemerkung.

Anknüpfend an einen Besuch im „Germanischen Museum" und unter Hinweis auf die Veröffentlichungen v. Eyes[1] und Stegmanns[2] machte ich vor fünfundzwanzig Jahren darauf aufmerksam[3], daß die Nürnberger Sammlung ein gegen 1480 angefertigtes Kästchen enthalte, geziert mit sog. „Wismut-Malerei" von bereits ganz hervorragender Vollendung. Hieraus sei zu schließen, daß diese Fertigkeit offenbar in weit ältere Zeiten zurückreiche, das Wismut demnach viel länger bekannt sein müsse, als man nach der „ersten Erwähnung" in einigen Schriften des Paracelsus (aus den Jahren 1527—1534?) allgemein anzunehmen pflege; da Wismut häufig als gediegenes Metall und als Sulfid vorkomme, die durch lebhaften Silberglanz und durch schöne Anlauffarben auffallen müssen, ermangle diese Annahme auch nicht der Wahrscheinlichkeit. Allerdings vertrat schon v. Eye die Ansicht, jene Kunst sei bereits im 14. Jahrhundert ausgeübt worden; gemäß einer Auskunft von 1921, die ich dem Direktor des Germanischen Museums, Geh.-Rat Fr. von Bezold (†) verdanke, ist zwar diese Vermutung auch seiner Überzeugung nach nicht unwahrscheinlich, jedoch bisher nicht mit genügender Sicherheit erweisbar, — und hieran dürften auch die Jahre seit 1921 nichts geändert haben. Was das Wesen der „Wismut-Malerei" betrifft, die nach v. Bezold kurz vor 1890 durch Wibel wiederentdeckt wurde[4], so ist ihr Hauptpunkt die Beobachtung, daß sich das sonst so spröde Wismut, als feinstes Pulver auf schwachen Kreidegrund ausgestreut, zu einer prächtig metallisch glänzenden Oberfläche polieren läßt, die den dünn aufgemalten und mit zartem Firnis überzogenen Farben einen eigenartigen und sehr lebhaften Schimmer erteilt.

Bald nach Veröffentlichung meines Aufsatzes schrieb mir mein verehrter Freund Geh.-Rat Prof. Dr. R. Kobert in Rostock (†), daß ihn aus medizin-historischen Gründen die Geschichte des Wismuts besonders

---

[1] „Anzeiger für Kunde der deutschen Vorzeit" 1876, 1.
[2] „Anzeiger des Germanischen Museums" 1905, 18, 36, 37.
[3] „Chemiker-Zeitung" 1905, 719. „Abhandlungen u. Vorträge" (Leipzig 1906) I, 247.
[4] „Beiträge zur Geschichte der Wismut-Malerei" (Hamburg 1891).

interessiere, ich möge daher alles mir vorkommende Material aus der Zeit bis gegen 1800 sorgfältig aufzeichnen. Das ist geschehen, auch nach Koberts frühem Tode, und da ich hierbei auf manche unerwartete Ergebnisse stieß, möchte ich nicht versäumen, nunmehr das Gesammelte vorzulegen, obwohl es keinen Anspruch auf Vollständigkeit erhebt.

2. Angebliche älteste Erwähnungen des Wismuts.

Sämtliche Vermutungen über Erwähnung des Wismuts in den echten und unechten Werken Alberts des Großen (Albertus Magnus, 1193—1280), Roger Bacons (1214—1292?), Arnaldus von Villanova's (1235—1312?) und anderer Alchemisten[1] sind hinfällig, denn wie ersterer in „De mineralibus"[2], so sprechen auch die übrigen nur von dem oft prächtig glänzenden Markasit (Eisenkies, Pyrit), einem der am längsten bekannten Gesteine, dessen als „Su-Marchaschi" (= Stein von Marchasch, Markata, Margad) schon babylonische und assyrische Quellen um 1450 v. Chr. gedenken[3]. Nach Latz soll zwar der Alchemist Riplaeus (Riplay, 1415—1490), der durchweg sehr viel ältere Quellen ausschrieb, einer solchen auch eine kabbalistische Tafel entlehnt haben, in der jedem Planeten ein Mineral zugeordnet wird, und so auch dem Jupiter das „Vismat"[4]; indessen fiel Latz hierbei einem Irrtum zum Opfer, denn die fragliche Tafel, die sich in der sechs dicke Bände umfassenden Sammlung „Theatrum chemicum" Zetzners abgedruckt findet[5], gehört gar nicht zu dem anschließenden Traktat des Riplaeus, sondern zu dem vorhergehenden des Bernhardus Penotus, der laut Vorrede erst 1525 abgefaßt ist![6] — Verwiesen wird ferner auf einen sehr alten Kodex der Münchener Staatsbibliothek[7], der zwecks Herstellung von Silberschrift u. a. empfehle „Recipe wismat ... et tere in lapide", „nimm Wismut ... und pulvere es auf einem [Reib-] Stein"[8]; nun ist, wie ein Auszug in Wesselys „Chrysographie" ersehen läßt[9], in den betreffenden Vorschriften von „sal armoniacum, salarmoniaka" die Rede[10], und wenn hierunter Salmiak (= Chlorammonium) zu verstehen

---

[1] Angeführt bei Gmelin „Geschichte der Chemie" (Göttingen 1797) I, 87, 95, 141, sowie bei Kopp „Geschichte der Chemie" (Braunschweig 1847ff.) IV, 110.

[2] Köln 1569, 162. [3] S. meine „Alchemie" (Berlin 1919) 388.

[4] „Die Alchemie" (Bonn 1869) 493. [5] Straßburg 1659, II, 109.

[6] ebd. II, 81, 86. [7] Cod. germ. 821.

[8] In eckige Klammern [ ] gesetzte Worte oder Erläuterungen rühren von mir her.

[9] „Wiener Studien" (Wien 1890) XII, 278. [10] ebd. 276, 277.

ist, den man in Europa erst nach 1200 näher kennenlernte, so kann die Anweisung allerdings schon aus dem 13. Jahrhundert herrühren; sie kann aber freilich auch erheblich später abgefaßt sein, und jedenfalls liegt dafür, daß die erstere Möglichkeit zutreffe, keinerlei Beweis vor. — Zu erwähnen sind schließlich noch die immer wieder zitierten Schriften des sog. J. Hollandus[1] und des angeblichen Basilius Valentinus[2], die das Wismut zwar öfters erwähnen, aber nicht aus dem 14. oder frühen 15. Jahrhundert herstammen, sondern zweifellos erst nach-paracelsischen Ursprunges und zumeist erst gegen oder nach 1600 abgefaßt sind[3].

3. Erste Nachrichten über Wismut.

Wie aus Darmstaedters „Berg-, Probir- und Kunst-Büchlein" hervorgeht[4], ist die älteste bergbauliche Schrift, die (gelegentlich!) auch des Wismuts gedenkt, jene des Freiberger Bürgermeisters Rülein von Kalbe um 1505, in der jedoch das „wysmud-ertz" als etwas sichtlich bereits allgemein Bekanntes auftritt; tatsächlich zählten auch, laut Hoppes „Der Silberberbau zu Schneeberg bis zum Jahre 1500", zu den seit 1316 vorhandenen und seit 1453 urkundlich belegten „Regalrechten" im sächsichen Gebirge, neben jenen der Landesherren auf Gold, Silber und Kupfer, noch die der Grundbesitzer auf Eisen, Zinn und Wismut[5]. Wann das Recht, auf Wismut zu schürfen, zuerst verliehen wurde, ist nicht ersichtlich, aber aus dem Jahre 1477 liegt schon eine bergamtliche Schätzung der „Wismut-Zeche" vor, die deren 128 Kuxe[6] mit je 200 fl. bewertet, das ganze Anwesen also mit 25 600 fl.[7]. Erst etwa 25 Jahre nach Rülein von Kalbe treten die bis in die jüngste Zeit als „älteste" angesehenen Erwähnungen des Wismuts hervor, nämlich die bei Paracelsus und Agricola, die hier um so mehr einiger

---

[1] Z. B. „Hand des Philosophen" in „Sammlung chymischer Schriften" (Wien 1746) 35.
[2] „Letztes Testament" in „Chymische Schriften" (Hamburg 1700); bei Gmelin I, 141.
[3] Hollandus: Lippmann „Beiträge zur Geschichte der Naturwissenschaften u. der Technik" (Berlin 1923) 228. Basilius Valentinus: Fritz „Zeitschrift f. angewandte Chemie" 1925, 325; Klinckowstroem „Mitteilungen zur Geschichte der Medicin u. der Naturwissenschaften" XXV, 25 (1926). Weiterhin zitiert als „M. G. M.".
[4] München 1926, 118. [5] Freiberg 1908; 7, 18, 57.
[6] Kux vom tschechischen kukus, kus korni = Bergtheil: s. Göpfert „Die Bergwerkssprache der Sarepta des Mathesius" (Straßburg 1902) 56.
[7] Hoppe 150.

Erörterung bedürfen, als die Register sämtlicher älterer Ausgaben sehr mangelhaft sind, so daß, wer sich auf sie allein verläßt, leicht Gefahr läuft, einzelne (und oft wichtige) Stellen zu übersehen[1].

Was den als Arzt, Chemiker und Menschen gleich bedeutsamen großen Reformator Paracelsus (1493—1541) anbelangt, so darf als bekannt vorausgesetzt werden, daß viele der unter seinem Namen gehenden Schriften teils lückenhaft, teils voll späterer Interpolationen, teils ganz untergeschoben sind, daher im allgemeinen nur mit Vorsicht und auch im einzelnen nur mit einer gewissen Zurückhaltung benutzt werden können. Nach der Abhandlung „De natura rerum", die 1527 abgefaßt sein dürfte, erhält man „bei der Separation der Metallen ... und der Mineralien" unter „viel [anderen] Materien" auch „Wissmat"[2]; man findet in ihm „das Wesen des Zinns", auch „wie im Spiessglas[3] ... das des Bleies" (primum ens stanni ... plumbi)[4], sein „Leben [Wesen] steigt bei der Sublimation mit Salz oder Vitriol auf", und zwar „als ein tingirender [färbender] metallischer Spiritus [Geist], ... gleich dem der anderen Marcasiten"[5], auch führt es zuweilen Gold, häufig aber Silber, und wird in der Erde allmählich zu diesem „gezeitigt und gereift"[6]. Desgleichen ist nach den wohl vor 1529 anzusetzenden „Archidoxa"[7] das „Wismat" oder „Wissmat" eine Art Markasit (genus Marcasitorum), ein „beim Ausziehen der Quintessenz aus den Metallen" verbleibender „weisser Marcasit", „ein Element, aus den Marcasiten zu scheiden, ... gleich zu verstehen [analog] dem Pley". Das „Buch der Bergkrankheiten" (1529/30, nach anderen 1534?) spricht vom Vorkommen eines „fixen Schwefels, Wismathisch [von Natur]" in der „Meissnischen Region[8]"; nach der Abhandlung „De mineralibus" ist Wismat oder Wissmat ein richtiges Metall, jedoch, wie einst bei den Alten und in der „Geschrift" [hl. Schrift], so auch [noch jetzt] bei der „Gemein" [der großen Menge] unbekannt, und bei den Zinngießern nicht geachtet[9]; der „Philosophia ad Athenaeos" zufolge gehört es zu den Markasiten, erweist sich als „fließend und geschmeidig", als etwas „was den Metallen

---

[1] Die neue Sudhoffsche Ausgabe des Paracelsus lag mir seinerzeit noch nicht vor; sie dürfte 1930 oder 1931 beendigt werden, und die Generalregister sollen dann nachfolgen.
[2] lib. 8; ed. Huser (Straßburg 1603) I, 903.
[3] Antimon und sein Sulfid. [4] lib. 8; I, 906.
[5] lib. 4 u. 5; I, 890, 895. [6] lib. 2; I, 825.
[7] lib. 6, 4 u. 3; I, 810, 800, 793.
[8] lib. 3, cap. 3; I, 667. Vgl. die Ausgabe von Koelsch „Von der Bergsucht" (Berlin 1925) 4.
[9] Huser II, 134.

gleich ist und doch auch nicht", sozusagen als ein „Bastard" des Zinns, wie Zink als einer des Bleis[1]. So beschreibt auch „Coelum philosophorum" (Himmel der Philosophen)[2] das „andere [zweite] Spießglas" als „das Weiße, auch genannt Magnesia[3], Conterfeht, Wissmat, das ist des Zinns nächste Freundschaft", ganz wie „das Erste, das Schwarze, das Antimon, die des Bleys". Neben Antimon und anderen Markasiten erwähnen „Wissmut" auch das „Secretum magicum" (Magisches Geheimnis)[4] und „Wissmuth" zu alchemistischen Zwecken das „Primum Manuale" (Erstes Handbuch)[5].

Agricola (1490, richtiger wohl 1494—1555), der hervorragende Arzt, Mineraloge und Metallurge zu Joachimsthal und Chemnitz, der „Vater der deutschen bergbaulichen Litteratur"[6], sagt schon in dem 1527/28 verfaßten „Bermannus"[7], daß Wismut den Alten unbekannt war, „bei uns" aber [in latinisierter Form] Bisemutum genannt wird; es ist hellglänzend, weißer als Blei, aber dunkler als Zinn, enthält oft Silber und kündigt dessen Vorhandensein an, daher es die Bergleute „Dach des Erzes" nennen, wird zusammen mit Zinn und auch mit Blei zu schönen Gefäßen verarbeitet und hinterläßt bei seiner Gewinnung durch Erhitzen des Rohmaterials gewisse Rückstände, aus denen sich eine prächtige Farbe gewinnen läßt [nämlich Kobalt-Blau]. Die Abhandlung „De natura fossilium" von 1546 ergänzt diese Mitteilungen wie folgt[8]: In den sächsischen Gebirgen, besonders in Schneeberg[9], findet man das den Alten unbekannte, den Chemikern noch jetzt „nicht geläufige", bei uns Bisemutum geheißene, wahre Metall, das „Plumbum cinereum" (aschgraues Blei, Aschenblei), und zwar oft in den Silbergruben, in denen es die Unerfahrenen durch seinen Silberglanz täuscht, wenngleich es selbst häufig Silber enthält; seiner „materia" oder „massa" nach steht es zwischen Blei und Zinn, ist aber härter wie diese, jedoch weit leichter schmelzbar; aus Gemischen von Zinn und Wismut verfertigt man vielerlei Gefäße und Geräte (opera), auch sollen zinnerne Kannen, die einen Boden aus Wismut [oder überzogen mit Wismut?] besitzen,

---

[1] lib. 1, cap. 15; lib. 4, cap. 9; II, 5, 56.   [2] I, 928.

[3] Magnesia bezeichnet in älteren Zeiten nicht die heute so genannte Erde, sondern hellglänzende Substanzen, Metalle, und Legierungen jeder Art, so schon bei den frühen Alchemisten (vgl. meine „Alchemie").

[4] II, 684.

[5] „Chirurgische Bücher u. Schriften", ed. Huser (Straßburg 1618) 726.

[6] Vgl. über ihn: Darmstaedter „Agricola" (München 1926).

[7] „Opera omnia" (Basel 1558) 439.

[8] ebd. 336ff.; vgl. Darmstaedter „Agricola" 28, 37.

[9] Dort mindestens seit 1466: „Bermannus" 419.

den Wein lange Zeit hindurch unverändert erhalten; zu Zwecken der Medizin ist es aber ebensowenig brauchbar wie Blei. Die Schrift „De veteribus et novis metallis" (Von den alten und neuen Metallen) läßt noch ersehen, daß das „neue" Metall Wismut außer im sächsischen Gebirge (Schneeberg) auch im böhmischen vorkommt[1], und das Hauptwerk Agricolas „De re metallica" (Über die Metalle), begonnen 1533, vollendet 1550, posthum erschienen 1556, bespricht neben den edlen und den sonstigen, seit jeher unentbehrlichen Metallen, auch die minder verbreiteten, weshalb der gelehrte Fabricius (1516—1571) in den Distichen seines einleitenden lateinischen Lobgedichtes dem Verstorbenen ausdrücklich nachrühmt, daß er auch schilderte

> „Jenes Metall, das Griechen nicht, noch Italer kannten:
> Heimischer Sprache gemäß Wismut wird es genannt;
> Dunkler ist es als Zinn, doch Blei übertrifft es an Helle.
> Manche Gruben im Land bringen es reichlich hervor."

Agricola selbst sagt in der Vorrede, daß Unkundige statt Gold und Silber oft Kobalt und Wismut finden[2], doch sei „plumbum cinereum" neben Stibium [Antimonsulfid, Antimonglanz] allerdings oft „Anzeichen von Silber" und heiße daher bei den Bergleuten „Dach des Silbers"[3]; die Hauptmenge dieser „materia metallica"[4] fördert man gediegen und sehr rein zu Schneeberg in der nach ihr benannten „Bismuteria", der Wismut-Grube[5], doch gibt es auch andere Zechen gleicher Art, für die 8 Kuxe üblich sind[6]. Man prüft das Fördergut auf seinen Gehalt an Silber und an Wismut, und gewinnt letzteres, da es sehr leichtflüssig ist, durch Ausseigern mittels gelinden Feuers; das Rohmetall reinigt man dann durch nochmaliges Umschmelzen und gießt es in flache „Brode"[7].

An die Erwähnungen bei Paracelsus und Agricola schließt sich zunächst jene im sog. „Kunstbüchlein", das nach Darmstaedter zwar erst 1535 erschien, aber sehr vieles aus weit älteren Quellen schöpft; es bringt u. a. eine Vorschrift zur Herstellung sog. Musivgoldes, das zur Nachahmung des echten Goldtones der Mosaiken diente, und bezeichnet

---

[1] „Opera" 408; nicht im Index! — Darmstaedter, a. a. O. 41.
[2] Baseler Ausgabe 1621. Vgl. die neue, 1928 zu München erschienene deutsche Übersetzung.
[3] lib. 5; a. a. O. 78.
[4] Der Ausdruck ist vieldeutig, s. Index 3, 8, 10, 11, 26, 43, 44, . . . „Aes cinereum" ist dort = Schiefer (18).
[5] lib. 2; 29.   [6] lib. 4; 63.
[7] lib. 1; 1. lib. 7; 194. lib. 9; 326, 349ff., mit mehreren Abbildungen.

als die erforderlichen Bestandteile ein zinnhaltiges Material, Quecksilber und „Wissmat"[1].

Seit dem Jahre 1553 erbaute der treffliche Joachimsthaler Pfarrer **Mathesius** (1504—1565) seine Gemeinde durch die in unnachahmlicher Weise ihrem Verständnis angepaßten, eine Legierung gleicher Teile religiösen und bergbaulichen Wesens darstellenden Predigten, deren Sammlung er unter dem Titel „Bergpostilla oder Sarepta" 1562 zu Nürnberg herausgab. Über das Wismut spricht er in ihr an zahlreichen Stellen: „Wissmut"[2], das den Alten unbekannt war, das die Lateiner [= die lateinisch Schreibenden] plumbum cinereum, „grau aschfarb Blei", und die Bergleute „Wissmat" heißen, ist ein wahres „Hauptmetall"[3] und kommt gediegen vor oder auch „als ein Ertz, das Metall führt"[4]. Als Metall „ausgesprossen" [= ausgeblüht] gleicht es dem Silber, das häufig in ihm enthalten ist und dessen „Dach" es oft bildet[5], und die Bergleute glauben, daß es zuweilen, als „taub" [= wertlos] auf die Halde geworfen, dort binnen einigen Jahren in Silber übergehe, ebenso auch „daß es im Bergfeuer noch zu Silber geworden wäre, ... hätte man es nicht zu früh geschlagen", und daß in den heißen Ländern die Sonne es zu Silber ausreife[6]. Oft gleicht es einem „würflichen Marcasit" und einem „weißen Kies" [silberglänzendem Eisenkies, Pyrit], doch schmilzt es „gediegen, als Gang, als Stufe" leicht bei gelindem Erhitzen, „trieft sogleich ab" und entwickelt dabei, da es „selten ohne Gift ist" [ohne Gehalt an Arsen], einen äußerst schädlichen Rauch[7]. In der Erde nährt es sich von Schwefel, Quecksilber und „fetten Dünsten"[8]; „erstlich hat man nur die Wismatblüet kennet" [das „ausgeblühte" gediegene Metall], erst „darnach hat man es auch lernen schmelzen" [ausschmelzen aus den „Stufen", auch aus dem Sulfid], wobei die „Wismutgraupen" hinterbleiben, d. s. die körnigen Rückstände, aus denen man noch „eine schöne blaue Farbe brennt" [Kobaltblau], dien-

---

[1] Der Verfasser ist bisher nicht ermittelt. Vgl. **Darmstaedter** „Berg-, Probir-, u. Kunst-Büchlein" (München 1926) 151.
[2] Auch Wissmuth und Wiessmut: Abdruck von 1587, 57, 54.
[3] Als solche galten damals Vielen noch allein die 7 den Planeten zugeordneten, Gold (Sonne), Silber (Mond), Kupfer (Venus), Zinn (Jupiter), Eisen (Mars), Blei (Saturn), Quecksilber (Mercur); s. meine „Alchemie" (Berlin 1919).
[4] Abdruck von 1587: 88, 92; 25, 27, 33.
[5] ebd. 26, 27, 58, 92. [6] ebd. 32, 92; 33, 57; 50.
[7] ebd. 91, 135; 28, 92, 99, 100.
[8] ebd. 92. Schwefel und Quecksilber: die angeblichen Bestandteile **aller** Metalle, ja Stoffe! (s. meine „Alchemie").

lich „zum Färben [= Bemalen] von Büchslein und hölzernem Geschirr"[1]. Mengt sich beim Ausschmelzen manchen Fördergutes das [rohe] Wismut gleich unter vorhandenes Zinn, so macht es solches dadurch „mürb und ungestalt"[2]; reines Wismut dagegen ist nicht nur selbst ein „schönes, rechtliches" Metall und erhöht als Boden von Zinngefäßen die Haltbarkeit des eingefüllten Weines[3], sondern die „Kandelgießer" [Kannen-, Zinn-Gießer] setzen es auch dem Zinn zu. Dadurch werden nämlich ihre „gehämmerten Schüsseln, Teller ... und andere Sachen ... härter, stärker, auch von besserem Klang, ... gleichen denen aus [dem sehr reinen] englischen Zinn, ... und erhalten eine Gestalt [= ein Aussehen] daß man sie für Silber kauft, ... wie solcher Arbeit die Schotten viel geführet"[4]. Indessen bleiben diese Metalle „zweierlei Wesen", obgleich auch ein „Beschlag" aus derlei Ware, nach Art jener „mayländischen Arbeit", die auch „Conterfey" heißt, ganz „wie Silber siehet"[5]. — Mailand wird schon frühzeitig als Vorort der Herstellung trefflicher, auch künstlerisch hochstehender Metallwaren genannt[6], namentlich aber auch als wichtiger Verkaufsplatz, dessen Bedeutung sich vor allem geltend machte, so oft aus politischen Gründen der Handel mit Venedig verboten war[7]; wie schon der vieldeutige Beiname „Conterfey" [= Nachgemachtes] ersehen läßt, dienten die in Frage stehenden Erzeugnisse zum Ersatz für goldene und silberne, und bestanden entweder aus „schön Messing, colorirt Kupfer" oder aus silberglänzenden Legierungen, die neben Blei, Kupfer, sog. Weißmessing usf., Zinn oder zinnhaltige Materialien in sich schlossen[8]; noch der gelehrte und belesene Cardanus, der selbst in Mailand zu Hause war, spricht 1554 von einer solchen daselbst gebräuchlichen Zinn-Blei-Legierung namens „Peltrum"[9], weiß hingegen nichts vom Zusatze des Wismuts, obwohl er dieses kennt, jedoch sichtlich nur aus Büchern und dem Namen nach,

---

[1] ebd. 92. [2] ebd. 91. [3] ebd. 91.

[4] ebd. 54, 92, 51. Unter den „Schotten" sind vielleicht die Anwohner des „schottischen Berges" bei Schneeberg zu verstehen, des „Mons Scotus", von dem Agricola's „Bermannus" auf S. 420 spricht. Möglicher Weise kommen aber auch wirkliche schottische Krämer in Betracht, die damals als Hausirer mit meist minderwerthigen Waaren in Deutschland herumzogen (Göpfert, a. a. O. 82).

[5] ebd. 54, 92.

[6] Roth „Geschichte des Nürnberger Handels" (Nürnberg 1801). Garzoni „Piazza universale" (Venedig 1584).

[7] z. B. 1418: Roth I, 113.

[8] Mathesius 54, 51. Darmstaedter „Bergbüchlein..." 151.

[9] „De subtilitate" (Lyon 1554) 265. Die Bezeichnung Peltrum u. dgl. geht auf einen persischen Namen des Zinns zurück; vgl. meine „Alchemie" 596.

„da Bisemutum, das zwischen Blei und Zinn steht, erst in unserer Zeit auftauchte und allein in den böhmischen Sudeten vorkommt"[1].

Der Meißener Arzt Kenntmann (1518—1574) erwähnt in seiner „Nomenclatura rerum fossilium" von 1557 das „Plumbum cinereum" sowie seine Legierung mit Zinn, das Guntelfe [Conterfey][2]. — Im nämlichen Jahre berichtet Encelius in „De re metallica", daß man „neben den alten Metallen bei uns auch Bisemutum, Wisemutum findet"[3], zwar ein eigenes, aber doch nur ein Halb-Metall (metallum imperfectum), das zwischen Blei und Zinn steht, deutsch Wisemut, Wissmuth, Conterfein oder Mythan heißt und zur Herstellung von vielerlei Gefäßen dient, aber auch zu der einer blauen Farbe[4]. — Fabricius (1516—1571) sagt 1565 in „De metallicis rebus"[5], Bisemutum, Bissmuth, sei das Plumbum cinereum des Agricola, ein silberweiß glänzendes Metall (nitet argenti colore), das oft vom Silber erst im Feuer zu unterscheiden ist und bei Anfertigung kunstvoller Geräte Verwendung findet. — In der „Cosmographey" des Sebastian Münster von 1567, der berühmten Erdbeschreibung, ist zu lesen, daß Bismuth zu Schneeberg in Sachsen vorkommt und zu 3% dem Zinn zugesetzt wird „für geschlagene [gehämmerte] Platten und Teller"[6]; der Metallurge Lazarus Ercker weiß 1574 in der „Aula subterranea" (der „Unterirdischen Welt") auch nicht mehr als seine Vorgänger, schildert das „Probiren" des Erzes und gibt einige Abbildungen; noch in der späten, letzten (?) Ausgabe des oft gedruckten Werkes hat es hierbei sein Bewenden[7]. — Lonicerus verwechselt in seinem weitverbreiteten und immer wieder aufgelegten „Kreuterbuch" von 1582 das Wyssmuth, das besser ist als Zinn, aber schlechter als Silber, mit dem Conterfey oder Electrum [ursprünglich Name gewisser Gold-Silber-Legierungen, später ihrer Nachahmungen] und zeigt auch im übrigen, daß ihm, wie so häufig, eigene Sachkenntnis fehlt[8]. — Der

---
[1] ebd. 264.
[2] „Nomenclatura..." (Torgau 1557; 1565). Vgl. Hommel „Chemiker-Zeitung" XXXVI, 918 (1912).
[3] Frankfurt 1557; 3, 64.
[4] ebd. 6, 60. Die Herkunft der wohl entstellten Bezeichnung Mythan bleibt fraglich; vielleicht besteht eine Beziehung zum italienischen imitazione = Nachahmung, oder zu imitato = nachgeahmt?
[5] Zürich 1565, 19. [6] Basel 1567, 12, 10. [7] Frankfurt 1672, 284.
[8] Frankfurt 1582, 359. Bei Konrad von Megenberg (gest. 1374), dem Verfasser der ersten deutsch geschriebenen Naturgeschichte, ist Gunderfai = Electrum, und dieses (angeblich) = Cyprium, dem Erz aus Cypern („Buch der Natur", ed. Pfeiffer, Stuttgart 1861, 478; lib. 7, cop. 5); von einem Helmschmuck, nicht aus Gold, sondern trügerisch aus Kunterfeiter, spricht aber schon gegen 1300 der Minnesinger Rumelant, und auch Konrad von Würz-

durch seine so abenteuerlichen Schicksale bekannte Alchemist Thurneisser hält 1583 in der „Magna Alchymia" das an einigen Orten vorkommende Wismut, auch „Magnesia" geheißen, für eine „abgehende Materie" [einen Abfall] vom Schmelzen und Rösten der sog. Graupen, tauglich zu allerlei alchemistischen Arbeiten, und zwar je nach dem Stande der Sternbilder und Planeten, da es, ebenso wie das verwandte Zinn, dem Jupiter zugehört[1]. — Dornaeus, der getreue Jünger des Paracelsus, schreibt 1584 im „Dictionarium Theophrasti Paracelsi", Bismatum, Vvismadt, sei die leichteste, bleichste und geringwertigste Art des Bleies, ein leicht schmelzendes, rohes, „aussätziges", nicht zu bearbeitendes oder zu hämmerndes Zinn[2], und erklärt im „Schicksal der chemistischen Philosophei", dem Paracelsus folgend, „Wisumb"[3] für eine Art Markasit, für „Spiessglass" [Antimon-Sulfid], für ein Halbmetall, das u. a. auch zu alchemistischen Zwecken benutzt wird[4].

Im Jahre 1590 veröffentlichte Petrus Albinus seine vortreffliche „Meissnische Berg-Chronik" und erzählt, daß Wissmuth (Wiesmut, Wiessmuth), wie dies Fabricius ebenfalls erfahren habe, ganz neuerdings auch in England aufgefunden worden sei[5], während man es anfangs „allein im Meyssener Lande" gewann, später allerdings „gar köstlich auch in Böhmen"[6]; „zuvor hat man nicht viel davon gewusst"[7]), aber 1480 war die älteste „Wissmuth-Zeche" bei St. Georgen am Schneeberg schon 100 Lachter [= 210 m] tief und lieferte, gleich den manchen, nachher anderwärts erschlossenen, erst nur gediegen „Wissmuthblüet", dann aber auch das [ausgeseigerte] Metall. Dieses erweist sich als verwandt mit Zinn, Blei und Stibi [Antimon], ist oft giftig [durch Gehalt an Arsen] und steht an Wert zuweilen dem Kupfer gleich, ist aber zuzeiten auch wieder billiger als Blei, weil man mit ihm allein nichts anzufangen vermag[8]. Im übrigen beschrieben schon Agricola und Mathesius alles Zugehörige ganz richtig. — Hauptsächlich auf letztere Autoren beruft sich auch der Verfasser des ersten eigentlichen chemischen Lehrbuches, Libavius (Liebau) aus Halle: laut der „Alchemia" (1597) ist Bismuthum oder Plumbum cinereum eine Marcasita und wird auch aus einer solchen ausgeschmolzen[9]; den „Commentationes metallicae" (1597)

---

burg (um 1275) kennt dieses Wort. („Jenaer Liederhandschrift", ed. Holz und Saran, Leipzig 1901; I, 84, 169).
[1] Berlin 1583, 128, 141; 81, 94; 106, 107, 113.
[2] Frankfurt 1584, 24, 93; es soll schon eine Ausgabe von 1563 geben?
[3] Druckfehler?   [4] Frankfurt 1583; Abdruck Stuttgart 1602, 37.
[5] Dresden 1590, 41, 115, 123, 124.   [6] ebd. 42, 132ff.; 68, 78.
[7] ebd. 41.   [8] ebd. 137; 41, 132ff.   [9] Frankfurt 1597, 137, 153, 210.

und der gleichzeitig begonnenen, aber erst nach einigen Jahren erschienenen „Alchymistischen Praktik" zufolge handelt es sich um eine „Marcasita stannea" [eine zinnartige], und das Wismat selbst ist nach den Einen auch noch ein Markasit oder „Spiessglass", nach den Anderen eher eine Erde, nach wieder Anderen ein Halbmetall, Bastard oder Zwitter und nach noch Anderen ein wahres Metall, enthält Schwefel, Quecksilber, Arsen und Erde, steht dem Zinn, Blei und Antimon nahe und legiert sich mit diesen und mit Silber[1]; die schon in den nämlichen Jahren angefangenen, aber erst erheblich später vollendeten und gedruckten „Arcana Alchymiae" führen aus[2], daß Bismuthum, Wismath, weder identisch mit einer „Magnesia" ist, noch mit dem allerdings nahe verwandten Blei, Antimon, Zinn oder Silber, noch mit dem neuen Calaëm [= Zink][3], daß es aber auch kein Halbmetall vorstellt „wie nach Einigen Quecksilber oder Antimon"[4], sondern ein wahres Metall von eigener Art, ganz so wie [entgegen Paracelsus] auch Antimon, Arsen und Quecksilber[5]. Nicht zu bestreiten ist freilich ein gewisser Zusammenhang mit den Markasiten, woher sich wohl die Bezeichnung „weisses Stibi" [weißes Antimon] erklärt[6], sowie einige Ähnlichkeit mit den Edelmetallen, besonders dem Silber, weshalb denn auch z. B. Winandus die Verwendung zur Herstellung von [alchemistischen] „Tincturen für Gold und Silber" empfahl[7].

Daß die sog. Wismut-Malerei u. a. in Nürnberg mindestens weit in das 15. Jahrhundert zurückreicht, wurde schon weiter oben erwähnt, und auch Darmstaedter ist der nämlichen Ansicht[8]; während jedoch diese Kunst ursprünglich nur von Einzelnen und gelegentlich ausgeübt wurde, begann der handwerksmäßige Betrieb in größerem Maßstabe nach Bucher[9] erst 1572, in welchem Jahre „Paul Hardting die Meisterschaft auf das Wismatmahlen anfing". Die Zahl solcher Wismat- oder Wissmath-Maler wuchs dann ziemlich rasch an, aber laut den „Nürnberger Rathsverlässen seit 1449" schien sie noch bald nach 1600 dem Magistrat nicht groß genug, um „ein geschworenes Handwerk" zuzulassen[10], und

---
[1] Frankfurt 1597, 32, 40, 270; Frankfurt 1603, 246. Offenbar ist auch hier bald von metallischem Wismut die Rede, bald vom Sulfid oder von anderen Verbindungen.
[2] Frankfurt 1615; I, 91; II, 62.
[3] ebd. I, 214. Über Calaëm vgl. meine „Alchemie".   [4] ebd. I, 91.
[5] ebd. III, 105.   [6] ebd. I, 91; II, 181.   [7] ebd. II, 63.
[8] „Kultur des Handwerks" (München 1927) 298.
[9] „Geschichte der technischen Künste" (Stuttgart 1893) III, 243.
[10] Ed. Hampe (Leipzig 1904), Bd. XII der „Wiener Quellenschriften zur Kunstgeschichte, 2. Serie"; II, 402, 449, 497; 406.

erst 1613 bewilligte er, nach anfänglicher Ablehnung, eine gewisse zünftige „Ordnung, ... insoweit sie keine Belästigung Anderer mit sich bringt", erklärte jedoch deren 1617 geplante „Erweiterung" für unzulässig[1]. Um etwa die nämliche Zeit begann dann die eigentliche Blüte dieses Kunsthandwerkes[2] und dauerte bis gegen 1800 fort[3]; die Mitbenutzung von „Wissmuth" hörte jedoch nach Roth allmählich auf, man malte die bunten Farben nur mehr unmittelbar „auf das blosse Holz der Schachteln, Trühlein, Nähpulte u. dgl." und brachte den gewünschten Glanz durch Überziehen mit den sehr verbesserten und auch weit billigeren Lacken verschiedener Art hervor.

4. Das Wismut und die Erfindung des Buchdruckes.

Weder der Verbrauch des Wismuts beim „Grundiren" der Malerei, noch der als Zusatz in der Zinngießerei (der sich auf wenige Prozente beschränkte) kann allein bedeutend genug gewesen sein, um den schon seit etwa 1450 erheblich wachsenden Bedarf an diesem Metalle zu erklären, der u. a. die Vertiefung des Schneeberger Schachtes (bis 1480 schon auf 210 m) und die Erschließung vieler anderer Gruben in Sachsen und Böhmen veranlaßte; daher drängt sich der Gedanke auf, Wismut müsse von etwa 1450 ab noch eine neue, bis dahin unbekannte und, wenn auch langsam, so doch stetig zunehmende Verwendung gefunden haben. Es sei gestattet, hierüber eine Vermutung auszusprechen, die einiges Licht auf bisher unbeachtete Zusammenhänge wirft.

Über den Anfängen der Buchdruckerkunst sowie über Persönlichkeit, Herkunft, Stand und gewerbliche Zugehörigkeit ihrer Erfinder liegt in vieler Hinsicht noch heute ungeklärtes Dunkel, die Möglichkeit seiner Aufhellung erscheint fragwürdig, und an dieser Stelle kann daher auf Einzelheiten nicht eingegangen werden; insbesondere ermangelten aber die Verfasser mehrerer einschlägiger geschichtlicher Werke von Ruf der erforderlichen technischen Kenntnisse und ergingen sich daher in ganz irrtümlichen, ja unmöglichen Annahmen. Im nachstehenden sei deshalb hauptsächlich auf die Schriften zweier Autoren Bezug genommen, die über eigene, langjährige, praktische Erfahrungen verfügten und ver-

---

[1] Ed. Hampe (Leipzig 1904), Bd. XII der „Wiener Quellenschriften zur Kunstgeschichte, 2. Serie"; II, 456, 459, 504.

[2] Bucher, a. a. O.

[3] Roth, a. a. O. III, 256. Gatterer sagt noch gegen 1790, die Nürnberger „Schachtelmaler" hießen auch „Wismutmaler", weil sie dieses Halbmetall zu ihren Farben gebrauchten: Beckmann „Physikalisch-Ökonomische Bibliothek" XVII, 197 (Göttingen 1791). Weiterhin zitiert als „Bibl.".

fügen, auf Faulmanns „Erfindung der Buchdruckerkunst"[1] und auf Zedlers „Die neue Gutenberg-Forschung"[2]. Nach Zedler[3] ist der Holländer Coster insoweit als Vorläufer Gutenbergs anzuerkennen, als ihm mit Hilfe einzelner aus Blei oder aus Zinn mit einem bleiernen Ansatzstäbchen (von der Gestalt ⊥) in Sandformen gegossener Buchstaben, und zwar ausschließlich großer (Majuskeln), die mechanische Vervielfältigung kurzer Schulbücher gelang; zu jener umfangreicherer Werke war aber sein Verfahren ganz ungeeignet und infolge der mühevollen Anfertigung der wenig haltbaren, gegen stärkeren und wiederholten Druck nicht widerstandsfähigen Buchstaben (namentlich der kostspieligen zinnernen) auch viel zu teuer; eine weitere Vervollkommnung hat es nicht erfahren und wurde daher alsbald durch die Erfindungen Gutenbergs verdrängt, die nach langen, unermüdlichen Versuchen gegen 1450 fertig ausgebildet waren. Als ihre wesentlichen Punkte sind anzusehen: 1. die Benutzung einzelner, großer und kleiner Buchstaben und ihre vorbildliche Massenherstellung durch Gießen mittels einer Handvorrichtung; 2. der Gebrauch der eigentlichen Druckerpresse, vermutlich einer Nachbildung der Münzpressen im Mainzer Münzamte, in dem Gutenbergs Vater gewohnt haben soll und mit dem er in naher geschäftlicher Verbindung stand[4]; 3. die Bereitung einer guten Druckerschwärze, die wohl aus Kienruß, Leinöl und anderen Zutaten bestand[5]. Inwieweit ein Anteil an diesen Erfindungen außer Gutenberg selbst auch seinen späteren Genossen zukommt, dem reichen Kaufmann Fust und dessen anfänglichem Gehilfen und nachherigem Eidam Peter Schoeffer, steht nicht sicher fest. Der hochgelehrte Abt Trithemius, der 1513 die „Annalen des Klosters Hirschau" verfaßte[6], erzählt in diesen nach Mitteilungen, die er 1482 von Schoeffer erhielt[7], daß es 1450 Gutenberg gelungen war, „Formen" für alle Buchstaben herzustellen und in diesen Matrizen sämtliche Lettern zu gießen, „characteres aeneos sive stanneos, ad omnem pressuram sufficientes", d. h. „solche aus Erz oder Zinn, die jedem Drucke gewachsen sind". Nach Faulmanns vergleichenden Untersuchungen der ältesten Inkunabeln[8] ist es fraglos, daß sich Gutenberg schon vor 1454 statt aus Messing geschnittener Buchstaben aus anderen Metallen gegossener bediente, doch scheint er noch ausschließlich bleierne Matrizen benutzt zu haben, deren

---

[1] Wien 1891; vgl. dessen „Geschichte der Buchdruckerkunst" (Wien 1882).
[2] Frankfurt 1923; vgl. dessen „Von Coster zu Gutenberg" (Leipzig 1921).
[3] a. a. O. 46ff., 55ff.   [4] Faulmann 5ff.   [5] ebd. 11.
[6] St. Gallen 1690.   [7] ebd. II, 421; Faulmann 74ff.   [8] a. a. O. 47ff.

Ersatz durch kupferne zu den bedeutsamen Errungenschaften Schoeffers zählt. Was die Buchstaben betrifft, so war Zinn (namentlich das erforderliche reine) teuer und auch schwerlich „jedem Drucke gewachsen", Blei aber zu weich; was man unter „aes" zu verstehen hat, bleibt wegen der bekannten Vieldeutigkeit dieses Wortes (Kupfer, Rotguß, Bronze, Messing, Metallgemische aller Art) ungewiß, wahrscheinlich kommt eine „geeignete", d. h. „leicht gießbare" und „genügend harte" Legierung in Frage. Der Nürnberger Amtmann v. Murr, der 1778 eine „Beschreibung ... von Nürnberg und Altdorf" herausgab, erwähnt beim Jahre 1450 ebenfalls die Erfindung des Buchdruckes durch Gutenberg, führt den Trithemius und andere alte Quellen an[1] und erzählt, daß die ursprünglichen Buchstaben aus Blei oder Zinn nicht genügten, daß aber gegen 1450, entweder unmittelbar durch Fust und Peter Schoeffer aus Gernsheim, „einen erfinderischen und klugen Kopf"[2], oder doch unter deren Mitwirkung, ein verbessertes Gießverfahren angewandt, und „eine gewisse Mixtur entdeckt wurde, die die Gewalt der Presse eine gute Zeit aushalten konnte", „was alles die Drei geheim hielten"[3].

Worin das Wesen dieser für die Entwicklung des Buchdruckes entscheidenden „gewissen Mixtur" oder „geeigneten Mischung" bestand, darüber äußert sich keiner der angeführten älteren und jüngeren Autoren, und an dieser Stelle setzt nun die oben angedeutete neue Vermutung ein: sie war eine Wismut-Legierung. Das Wismut, das schon bei 264°, nach anderen bei 270° schmilzt, bildet tatsächlich zahlreiche Legierungen, die sich z. T. durch sehr niedrigen, sogar unterhalb 100° liegenden Schmelzpunkt auszeichnen[4] und besondere Leichtflüssigkeit besitzen; eine aus Blei mit wechselnden Zusätzen (7—25%) Antimon, nebst 10% der Gesamtmenge an Wismut bereitete, wird z. B. noch jetzt zur Anfertigung sog. Klischees für Holzschnitte u. dgl. benutzt, da sie sich geschwind und sehr vollkommen verflüssigt, auch wieder rasch erstarrt, weitaus härter und fester ist als jeder ihrer Bestandteile, und endlich die schätzenswerte Eigenschaft zeigt, sich (ebenso wie das Wismut selbst) beim Erkalten auszudehnen, so daß sie die

---
[1] Den ersteren in lateinischem Wortlaute (Nürnberg 1778, 683, 725).
[2] „ingeniosus et prudens".   [3] Murr 681, 688; 685.
[4] Der des sog. Woodschen Metalls (aus 7—8 T. Wismut, 4 T. Blei, 2 T. Zinn, 1—2 T. Cadmium) beträgt 68°! — Bereits Newton (1643—1727) legte 1701 in der „Scala graduum caloris et frigoris" den Siedepunkt des Wassers durch den Schmelzpunkt einer Legierung von 2 T. Blei, 3 T. Zinn und 5 T. Wismut fest.

Formen in sicherer und gleichmäßiger Weise ausfüllt. Eine derartige Legierung genügte also sämtlichen Ansprüchen, die der Buchdruck an sie zu stellen hatte, und ein „findiger Kopf", der z. B. nur wußte, daß die „Kandelgiesser" ihr Zinn „härter und hämmerbarer" machen, indem sie ihm einen Zusatz von Wismut geben, konnte daher sehr wohl den Gedanken fassen, einen ebensolchen zu Zwecken des Letterngusses auch beim Blei zu versuchen. Die Zinngießer bildeten eine zahlreiche, weitverbreitete und alte Zunft, die z. B. in Nürnberg und Augsburg schon seit dem 13. und 14. Jahrhundert nachweisbar ist[1]; ihre Kunstgriffe kennenzulernen, lag also nicht außerhalb des Bereiches der Möglichkeit.

Selbstverständlich erhebt sich die Frage, ob zugunsten der vorgetragenen Vermutung auch irgendwelche bestimmte Anhaltspunkte sprechen, und sie kann bejaht werden. Bei der Einnahme von Mainz im Laufe der Kämpfe, die der Erzbischof Adolf von Nassau seiner Nachfolge halber führte, ging 1462 auch das Haus Fusts in Flammen auf, und wenn die streng geheimgehaltenen Verfahren auch schon vorher in ganz vereinzelten Fällen weiterverbreitet worden waren, so erfolgte nunmehr eine allgemeine Abwanderung und Zerstreuung der Gehilfen, „ohne die diese Kunst nicht ausgeübt werden konnte", und zwar sowohl nach dem In- wie nach dem Auslande. Mindestens seit 1474 sind die ersten Buchdrucker, Deutsche, u. a. aus Nürnberg und Köln, sogar schon in Spanien nachweisbar, z. B. in Sevilla[2], und wie Schultes hervorragendes Werk „Die große Ravensburger Handelsgesellschaft"[3] ersehen läßt, bezog einer von ihnen, Hürus in Saragossa, wohl 1495, durch die Ravensberger Kaufherren 77 ℔ „Wismat"[4]. Wenn sich nun einer der ersten Bahnbrecher in fernem Lande bereits 1495 eine derartige Menge aus der Heimat zusenden ließ, so ist wohl die Annahme berechtigt, daß die Benutzung der wismuthaltigen Legierung dort seit langem eingeführt war und eines der sorgfältig gehüteten Geheimnisse der Gutenbergschen Druckerei bildete, das bisher völlig im dunkeln lag. Für diesen Sachverhalt spricht es auch, daß wir aus jüngerer Zeit kein Wort weder über das erste, etwa spätere Auftauchen einer so wichtigen Erfindung noch über ihren Erfinder selbst vernehmen: sie muß

---

[1] Roth IV, 155; III, 22. Murr 675. v. Stetten „Kunst- u. Gewerbs-Geschichte von Augsburg" (Augsburg 1779, 240).
[2] Murr 727; Roth IV, 106.   [3] Stuttgart 1923.
[4] ebd. I, 342 ff, 351. — Kurze Notiz: „M. G. M." XXI, 3 (1922). — Schulte wirft die Frage nach Bedeutung und Rolle des Wismuts ausdrücklich auf, ohne jedoch ihre Beantwortung unternehmen zu wollen.

eben weiteren Kreisen von Anfang an schon zusammen mit der Buchdruckerei überhaupt zur Kenntnis gelangt sein und wird daher von jenen Autoren der Folgezeit, die ihrer zuerst gedenken, als etwas bereits Wohlbekanntes und der Erklärung nicht mehr Bedürftiges vorausgesetzt. So z. B. erwähnt Agricola 1546, daß Wismut zu allerlei Metallmischungen dient, und daß aus einer solchen „temperatura" [= Legierung][1], die Plumbum cinereum und Stibium [Antimon] enthält, die Drucker ihre „characteres litterarum", ihre Buchstaben, gießen[2]; Mathesius sagt 1553 oder wenig später, daß die Buchdrucker ihre Buchstaben aus einem Metall gießen, und „sollen Bley oder Wismat mit Spiessglas vermischt dazu nehmen"[3]; in Jost Ammans so berühmter Beschreibung der „Stände und Handwerker" endlich, die 1568 zu Frankfurt erschien, beginnen die von Hans Sachs verfaßten Verse, die auf Tafel 15 unter der Abbildung „Der Schriftgiesser" stehen:

„Ich geuss die Schrift zu der Druckerey,
Gemacht aus Wissmat, Zinn, und Bley."

Angesichts des Übereinstimmens aller dieser Umstände dürfte daher an der Richtigkeit der dargelegten Zusammenhänge kaum mehr ein Zweifel bestehen.

5. Herkunft des Namens Wismut.

Der Name des Wismuts tritt schon seit frühester Zeit in sehr verschiedenen Formen auf, die z. T. im vorhergehenden erwähnt wurden, z. T. sich in Göpferts „Die Bergwerks-Sprache des Mathesius" verzeichnet finden[4], z. T. bei einigen jüngeren Autoren überliefert sind, so u. a.:

Wismat	Wismut	Wyssmuth
Wissmat	Wismmut	Wysmud
Wismath	Wismuth	Bisemutum
Wissmaht[5]	Wismuht	Bisemuthum
Vvismadt	Wissmuth	Bisematum
Wisemat	Wiessmuth	Bismut
Wesemot	Wisemut[6]	Bismat

---

[1] „Temperatura" heißt ursprünglich Mischung, daher man noch jetzt in der Hüttenkunde vom „Tempern" des Eisens spricht. Der Wandel dieser Bedeutung zu jener des Wärmegrades, den man durch wechselnde Mischung der von Natur aus mehr oder weniger heißen und kalten „Elemente" bedingt glaubte, ist sehr bemerkenswert.
[2] „Opera omnia" 338.   [3] „Bergpostilla" 92, 96.
[4] Straßburg 1902, 8; 31; 60, 97; 18; 23, 93; 104.
[5] Johnson 1652; s. unten.   [6] Rulandus 1571?, 1612; s. unten.

Ihre Zahl schien so groß und ihre Deutung so schwierig, daß noch um 1775 der treffliche schwedische Mineraloge und Technologe Wallerius (1708—1785) es als das richtigste empfahl, sich hinsichtlich dieser Frage überhaupt keine Gedanken zu machen![1]

Zweifellos steht fest, daß das Wort volkstümlich-deutschen Ursprunges ist, daß der Übergang seines Anlautes W in B erst anläßlich der Latinisierung erfolgte und daß sich der früheste Versuch einer Erklärung bei Mathesius (1553ff.) findet, der sich dabei aber auf eine weit zurückliegende Zeit beruft: „Habens die alten Bergleut Wismat genennt, dass [weil] es blüht wie eine schöne Wiesen, darauf allerley farb Blumen stehen."[2] Diese volks-etymologische Auslegung, die sichtlich auf die bunten Anlauffarben zielt, die gediegenes Wismut, das Sulfid, und andere seltenere Wismutmineralien zuweilen zeigen, hat der Nachwelt so sehr eingeleuchtet, daß die Autoren der nächsten Jahrhunderte sie fast ausnahmslos wiederholen und auch einige Neuzeitliche sie mindestens noch anführen, z. B. Zippe[3], Wibel[4], Diergardt[5], Schierl[6] und Kluge[7]. Ganz irrtümlich sind die Angaben, daß sich Anspielungen auf die „Wiesenmatte" oder auf eine gleichnamige Grube nächst Schneeberg[8] schon in der „Philosophia sagax" bei Paracelsus und im „Kreuterbuch" des Tabernämontanus (= Bergzaberner, 1520—1590?) fänden. Sieht man nämlich nach, so ergibt sich, daß an beiden Stellen von Pflanzen die Rede ist, indem die paracelsische Schrift nur den gelegentlichen Satz enthält, „nicht Wisen und Matten sind die Arzney, ... sondern der Auszug aus ihren Kräutern"[9], während Tabernämontanus von einer Art Kümmel spricht, dem „Matt-Weiss-Kümmel, weil er auf Matten und Wiesen wächst"[10]! Mit Recht erklärte sich daher schon Göpfert[11] gegen den Zusammenhang von Wismat und Wiese, und diese Auslegung ist jedenfalls abzulehnen. — Das nämliche gilt betreffs einiger anderer, weither geholter Ableitungen, nach denen

---

[1] „Physische Chemie", Üb. Weigel (Leipzig 1776) I, 183.
[2] „Berg-Postilla" 92.
[3] „Geschichte der Metalle" (Wien 1857) 240.   [4] a. a. O.
[5] „Etymologische Untersuchungen". „Journal f. praktische Chemie" II, Bd. LXI, 500 (1900).
[6] „Etymologische Erklärungen" (Mährisch-Ostrau 1907) 32; Hinweis auf Wibel.
[7] „Etymologisches Wörterbuch" (Straßburg 1910) 497.
[8] Darmstaedter führt nur eine Grube „In der Wiesen" an („Kultur des Handwerks", a. a. O.).
[9] I, cap. 6; ed. Huser II, 379.
[10] „Kreuterbuch" (Frankfurt 1588) 172.   [11] a. a. O. 104.

z. B. die Silbe mat auf die altägyptische Göttin Mât zurückweisen soll[1] oder die Silbe wis auf das keltische (und indogermanische) visu (= gut, würdig), das u. a. einige kymrische, gotische und vandalische Eigennamen bewahrten[2]. — Nicht aufrechterhalten läßt sich auch eine vor Jahren von Ruska[3] aufgestellte Hypothese, der gemäß sowohl „Wismut" wie „Antimon" verdorbene Formen des arabischen „Itmid" wären, das man selbst wieder als Entstellung des griechischen „Stimmi" [ursprünglich Antimonsulfid, Antimonglanz] anzusehen hat; auch ist Antimon richtig auf das griechische „Anthemonion" (= Ausgeblühtes) zurückzuführen[4].

Als wahrscheinlichste Erklärung der Benennung seitens der „alten Bergleute" darf Wismat = „weisse Masse, weisses Metall" gelten, die also vor allem auf den hellen Glanz anspielt, der zuerst Anlaß gab, das für Silber gehaltene Mineral zu beachten und zu prüfen. „Massa" bezeichnet schon bei den römischen Klassikern „die im Feuer zusammengebackenen glühenden Eisenklumpen"[5], die „massa ferri", und erhielt sich in gleichem Sinne da, wo der römische Bergbau fortdauerte oder frühzeitig wieder aufgenommen wurde, so daß z. B. in Eisenerz (Steiermark) 1182 „massel" = „in die Erde gegossene Roheisen-Luppe" nachweisbar ist und im Siegerland 1311 „Masshütte" = Eisenhütte[6]. In der wohl zu Rom im 10. Jahrhundert entstandenen Schrift des Heraklius „Von den Farben und Künsten der Römer" sind „massae" Blöcke Glas[7], während in des Deutschen (?) Theophilus „Schedula diversarum artium" (Verzeichniss der verschiedenen Künste), gegen 1100, diese Bezeichnung nicht auftritt[8]. Aus dem lateinischen massa[9] ging auch das mittelhochdeutsche mässe, messe hervor, das in der Regel Messing bedeutet (messen = messingen), oft aber auch für eine beliebige andere „Masse" [= Le-

---

[1] Angeführt bei Rössing „Geschichte der Metalle" (Berlin 1901) 244; der Gedanke soll von Wibel herrühren? — Mât war die Göttin der Weisheit, s. über sie z. B. bei Brugsch „Religion und Mythologie der alten Aegypter" (Leipzig 1891) 477; mit Metallen hatte sie nicht das geringste zu tun.
[2] Vgl. Hoops „Reallexicon der deutschen Alterthumskunde" (Straßburg 1911 ff.) IV, 513.
[3] „Steinbuch des Aristoteles" (Heidelberg 1912) 175; „M. G. M." XIII, 205 (1914).
[4] S. meine „Alchemie" 629 ff.
[5] Blümner „Terminologie u. Technologie..." (Leipzig 1887) IV, 219.
[6] Blümner, a. a. O. Feldhaus „Technik der Vorzeit" (Leipzig 1914) 234. Hoops I, 548.
[7] S. meine „Beiträge" 145.   [8] ebd. 158 ff.
[9] Vom griechischen μᾶζα (mâza), ursprünglich Brotteig; μάσσω (másso) = ich kaue.

gierung] steht[1]. Das epische Gedicht „Gudrun", redigiert bald nach 1200[2], spricht z. B. in seiner 1109. Strophe von Ankern, gesichert „mit spanischer Messe", die ein Schiff vor den Wirkungen des sagenhaften Magnetberges schützen sollen[3], und hat dabei offenbar das nämliche Material im Sinne, das im 30. Kapitel des Theophilus „Auricalcum hyspanicum" heißt (spanisches Messing). Nach einem Berichte von 1389, der des Erzbischofs von Rheims Nachlaß behandelt, umfaßte dieser u. a. auch 43 ℔ „Mette", worunter nach dem Lexikographen Du Cange ein Metall (Kupfer, Zinn?) oder eine Legierung verstanden sein muß[4]. Irrtümlich ist die Angabe, daß messe, mette oder mett auch als spätmittelalterlicher Name einer geringwertigen Münze gebraucht worden sei, denn dieser lautet richtig „meid" und kommt vom lateinischen „minutum" (= klein) her[5]; vermutlich liegt irgendeine Verwechslung mit „Matte" vor, einem spanischen, noch bis ins 18. Jahrhundert hinein ausgeprägten Silberstück, das aber etwa einem Reichstaler gleichkam[6]. Bemerkenswert ist es hingegen, daß man unter „Matte", wie im Mittelalter, so auch noch in der beginnenden Neuzeit, die „tauben" Gesteine der Bergwerke verstand, also Abraum, Gangart u. dgl.[7]. Vielleicht hängt der Ausdruck mit „Materie" zusammen, wie denn der älteste im Wortlaut erhaltene Pachtvertrag des Herzogs Karl des Kühnen von Burgund (1469) jede Vermischung des Limburger Galmeis mit sonstiger minderwertiger „Materia" verbietet[8], Paracelsus mit „Matery" und „materlich" auch die Bestandteile des Leibes und ihre Art bezeichnet[9], und der Volksmund in Süddeutschland und Österreich noch jetzt mit „Materi" Schutt, Geröll, jedoch auch Kleinholz, Holzabfall, Knochenreste, krankhafte Auswüchse, ja selbst Eiter benennt. Vielleicht aber ist „Matte" in obigem Sinne auch nur das Wort Masse in niederdeutscher Prägung, bei der der Übergang von ss in tt eine sehr gewöhnliche Erscheinung darstellt.

[1] Göpfert 62; 15; 31, 83.
[2] Einzige Handschrift in der Wiener Staats- (Hof-) Bibliothek.
[3] Vgl. über diesen die Sage vom „Herzog Ernst", verfaßt um 1170/80, ed. Bartsch (Wien 1869), Vorr. 150.
[4] Bapst „L'étain" (Paris 1884) 167. Im „Lexicon ad scriptores mediae et infimae Latinitatis" von Maigne d'Arnis (Paris 1890) fehlt das Wort.
[5] Göpfert 20, 62, 63, 92. „Meid" wird noch um 1560 erwähnt, s. Montanus „Schwankbücher", ed. Bolte (Tübingen 1899) 283, u. Bobertag „Schwänke" (Berlin 1888) 359.
[6] Hübner-Zincken „Natur- u. Kunst... Lexicon" (Hamburg 1746) 1379.
[7] Hommel „Chemiker-Zeitung" XXXVI, 918 (1912).
[8] Peltzer „Geschichte der Messing-Industrie am Niederrhein" (Aachen 1909) 88, 108.
[9] „Coelum philosophorum", ed. Huser I, 928.

5. Herkunft des Namens Wismut.

Dieser kann auch betreff der ersten Silbe von Wismat, Wissmat, in Frage kommen, besonders falls die Überlieferung zutrifft, daß der sächsische Bergbau, bei dem man das Metall zuerst beobachtete[1], durch Bergleute aus dem Harz (Goslar?), also durch niederdeutsche, in Gang gebracht wurde. Noch die Goslarer „Bergordnung" von 1476 befiehlt das sorgfältige Auslesen der „witten und swarten stone" (weißen und schwarzen Steine)[2], schon seit dem 12. Jahrhundert bedeutete „Witte und Wichte" (Weiße und Gewicht) das Korn und Schrot des Silbergeldes[3], und ausdrücklich wird „Witte" auch als „albedo" (= Weiße) im Sinne von Feingehalt der Münzen definiert[4]. Nach des Rulandus „Lexicon Alchemiae", dessen 1. Auflage 1571 in Nürnberg erschienen sein soll (?), ist aber Albedo = „das Weisse", daher auch weißes [weißglänzendes] Wismat[5]. Wiss statt Weiß findet sich übrigens auch in süddeutschen Dialekten vor: im „Buch der Cirurgia" [Chirurgie], das Brunschwig gegen 1500 in Straßburg verfaßte, heißt es z. B. „Marcasita, d. i. ein Geschlecht wisse Materie"[6], und ebenso ist daselbst die Rede von wiss Terbentin, wiss Wiruch [Weihrauch], wiss Gilgen [Lilien], wiss Wachs, wiss Wurtz[7].

Das Wort Wismut, Wismuth, das als „Wysmud", mit dem u- statt mit dem a-Laute, schon bei Rülein von Kalbe (1505) vorkommt, erklärte man nicht selten als zusammengesetzt aus weiss und muthen (muten), und noch um 1770 schien dies Wallerius recht annehmbar[8]. Muthen, mhd. muoten, müeten (= wünschen, begehren) geht in der Sprache der Bergleute auf den Muth- oder Muthungs-Zettel zurück, mittels dessen man bei den Inhabern der „Regalrechte" um die Schurferlaubnis nachsuchte, woraufhin dann später Muther die Bedeutung „Finder" annahm und muthen die des „Bergbauens"[9]; Wismut wäre hiernach etwa das „weisse Gegrabene", das „weisse Fördergut". Als möglich gilt aber auch, daß Mut, im Sinne des mhd. muot (= nach Art

---

[1] Die Funde in Thüringen, im Harz, in Hessen, im Schwarzwald usf. gehören einer erheblich jüngeren Zeit an.
[2] Neuburg „Goslars Bergbau bis 1552" (Hannover 1892) 206.
[3] Moehsen „Geschichte der Wissenschaften in der Mark Brandenburg" (Berlin 1781) 230.
[4] Luschin v. Ebengreuth „Allgemeine Münzkunde..." (München 1904) 141, 143, 156.
[5] Ausgabe von Frankfurt 1612, 299.
[6] Straßburg 1497, 127. [7] ebd. 24; 24, 50; 41; 91; 94.
[8] „Systema mineralogicum" (Stockholm 1772); s. Beckmann „Bibl." IX, 178 (Göttingen 1778). — Erwähnung auch bei Darmstaedter „Kultur des Handwerks", a. a. O.
[9] Göpfert 64; 30; 26; 64, 86.

und Weise; zugehörig) zu nehmen wäre, also etwas dem Weißen (Hellen, Glänzenden), nämlich dem Silber, Zuzuordnendes andeute[1], ungefähr so, wie einzelne Arme als „die Armuth" (= zu den Armen gehörig) bezeichnet werden[2], oder einzelne Waisen als „die Waismuth" (= zu den Waisen zählend); letzteres Wort ist, auch als Waisemuth, Wasmuth u. dgl., noch jetzt ein in Norddeutschland weitverbreiteter Zuname und kann als solcher eines (Magdeburger?) Kunsthandwerkers schon im 12. Jahrhundert nachgewiesen werden[3]. — Der Vollständigkeit halber sei noch daran erinnert, daß das antike Wort für Diamant (Demant), Adamas, von Encelius (1557) deutsch als „Demuth" wiedergegeben wird[4], wobei also die Endsilbe mas in muth übergeht.

Als wahrscheinlichste Erklärung des ältesten Ausdruckes „Wismat, Wissmat" bleibt jedenfalls die als „weisse Masse, weisse Materie" anzusehen; ihr gemäß ist das für die Wahl Entscheidende die auffällige Farbe, ganz so wie bei den gelben Mineralien Obergel (= Okergelb), Gilbe, Gelft[5], bei Röthel, Rothstein, Bergroth[6], bei „Wissant oder Marckesit", dessen noch Harsdörffer gedenkt[7], bei Blau- und Grünstein (Bergblau oder Kupferlasur; Malachit), bei Weiss- oder Rothgültigerz, Rotheisenstein usf. „Wismat" steht dann auch in völliger Parallele zu „Glismat" = „gleissende, glänzende Masse"; in der alten deutschen Mythologie war Glitznir der von Silber und Gold leuchtende Göttersaal und Glisborn eine reine, klar funkelnde Quelle[8], beim „letzten Minnesinger" Oswald von Wolkenstein (1367—1445) ist Glitz = Sonnenglanz[9], bei Mathesius glinzert der Bernstein[10], und der Augsburger Patrizier Hainhofer, der 1628/29 die höfischen Sammlungen in Innsbruck und Dresden besichtigte, erzählt von dem Kästchen aus „Geg(l)issmater" und von den „glissmaten Blumen", die gewisse Nonnen in Florenz verfertigten[11]. Noch um 1870 gab es auf den Jahrmärkten zu Baden bei Wien Buden mit der Aufschrift „Aecht böhmischer Glismat", das waren bunte und namentlich „silberne" Glasperlen, Schmuck, Ampeln, Glockenzüge u. dgl. aus solchen, sowie geschliffene Gläser aller Art[12].

[1] Faulmann „Etymologisches Wörterbuch" (Halle 1893) 396, 404.
[2] Kluge, a. a. O. 23, 323.   [3] Bucher III, 66.
[4] „De re metallica" 177.   [5] Göpfert 33, 37, 65.   [6] ebd. 75, 77.
[7] „Erquickstunden", Ausgabe von Nürnberg 1635 ff.; II, 252.
[8] Grimm „Deutsche Mythologie" (Berlin 1875) 190, 783.
[9] Ed. Schrott (Stuttgart 1886) 57.   [10] „Bergpostilla" 51.
[11] Ed. Doering (Wien 1901) 44, 45.
[12] Eigene Jugenderinnerung. — Das Wort Glismat steht nicht in Schmellers „Bayrischem Wörterbuch".

6. Das Wismut im 17. Jahrhundert.

Aus der Zeit des beginnenden 17. Jahrhunderts liegen neue Nachrichten über das Wismut und seine Verwendungen zunächst nicht vor. Den Schriften des sog. Basilius Valentinus zufolge, die der Pfannenherr (Salzsieder) Thölde zu Frankenhausen bald nach 1600 verfaßte, z. T. wohl unter Mitbenutzung zeitgenössischer Vorlagen, ist „Wismut oder Marcasit", „Wismut oder Magnesia" dem Zinn verwandt, reiht sich zwischen Eisen und Zinn ein, gilt als „des Jovis Bastart"[1], entsteht aus Erde, Zinn, Quecksilber und Schwefel, von dem es oft viel enthält, kommt aber auch in reinerer metallischer Form vor, „die Blei in sich hat, das man aus ihm gewinnt"[2], und dient zur Herstellung von Blei-Legierungen[3]. — Der niederländische Arzt, Alchemist und Mystiker Van Helmont (1577—1644) schreibt zur „magnetischen Wundheilung" u. a. auch eine Tafel aus Wismut vor (tabula ex bismuto)[4], und der hochgelehrte Lübecker Naturforscher Jungius (1587—1657) verzeichnet in „De mineralibus" das Wismut und sagt, es vermöge eine Art Vitriol zu bilden[5]. — Nach des Rulandus vielgelesenem „Lexicon Alchemiae" von 1612[6] kommt „weisses Wissmat" (Wissmath, Wissmut), d. i. Albedo [= das Weiße] oder Magnesia alba, als „weisse Wissmutblume" gediegen vor, vermutlich durch die natürliche Hitze der Erde schon in ihr ebenso ausgeschmolzen, wie es nachher aus wismuthaltigem „Stein" durch gelindes Feuer künstlich ausgeseigert wird[7]; oft führt es Silber in sich, auch gibt es eine blaue Farbe[8]. Man nennt es Wisemut, Bisematum, Bisemuthum, Wyssmut, Mythan oder Conterfeyn, doch ist letzteres eigentlich eine Legierung des Zinns, die man aber auch aus jenem macht[9]. Es gilt als eine Art Blei, plumbum cinereum, und zwar als geringstes, bleichstes und schlechtestes, „steht aber bei uns oft theurer im Preise als Blei"[10]. — Auch der Arzt Du Chesne (Quercetanus, gest. 1609)

---

[1] „Chymische Schriften", Ausgabe von Hamburg (1700) II, 10, 53, 210, 370.
[2] ebd. II, 79, 210.   [3] ebd. II, 45.
[4] „Opera" (Leiden 1667) 459; 1. Aufl. 1655.
[5] Beckmann „Vorrath kleiner Anmerkungen ..." (Leipzig 1795) 106; s. „De mineralibus" 110.
[6] Frankfurt 1612, 299, 318, 310, 317, 369. Es soll eine frühere Nürnberger Ausgabe von 1571 vorliegen?
[7] ebd. 369.
[8] ebd. 370; die „Farbe" aus dem in den Rückständen verbleibenden Kobalt! Die üblichen weiteren Angaben s. 363 ff.
[9] Irrtum!; ebd. 369, 102, 446. „Guntelfer" = Conterfeyn s. 369. Vgl. weiter unten.
[10] ebd. 102, 446.

spricht vom metallischen Wismut, nennt es des schönen Silberglanzes wegen „stannum glaciale" (Spiegel- oder Eis-Zinn) und erklärt es, dem bei vielen herrschenden Glauben entgegen, für ganz verschieden vom Antimon[1] und auch für ein echtes Metall; noch sein Zeitgenosse Majer bestritt dies in der lateinischen Schrift „Mercurius, der König aller Erdendinge", und bezeichnete es, ebenso wie Zink, Tutia [Zinkoxyd] und Antimon, als einen halbmetallischen Bastard[2].

Der bekannte Chemiker und Technologe Glauber (1604—1668) gibt in seinen vor und um 1650 verfaßten Schriften an, das „Wissmath-Erz", „Minera Bismuthi", finde sich meist in den Silbergruben, doch sei nicht bekannt, „welcher Stern hat Wissmuth, Kobolt, Antimon und Zink gezeuget"[3]; es ist ein plumbum cinereum, leicht schmelzbar und flüchtig unter Entwicklung starker Dämpfe, hinterläßt beim Ausseigern viele Graupen, die man samt dem Kobalt auf blaue Farbe verarbeitet[4], und dient nicht nur zur Verbesserung des Zinns zwecks Herstellung schöner Teller u. dgl., sondern liefert auch einen „Spiritus", der gemeine Metalle [alchemistisch] zu veredeln vermag[5]. — Orthelius, der die Werke des 1646 verstorbenen alchemistischen Schwindlers Sendivogius kommentierte, führt gleichfalls ein aus „Bismuthum oder Magnesia" destilliertes Wunderwasser an, das den „Geist des Goldes" auszieht usf., daher bei den Alchemisten als sehr verwendbar gilt[6]. — Der hochberühmte Physiko-Chemiker Boyle (1626—1691), in dessen „Experiments and Considerations touching colors" wohl zuerst das Chlorid des Wismuts auftaucht[7], berichtet ebenfalls von der angeblichen alchemistischen Anwendung des Wismuts (die Kraft des Präparates soll mit zunehmendem Monde wachsen!), aber auch von der medizinischen[8]. Diese war indes damals nicht mehr neu, denn eine Auflösung von Wismut in Salpetersäure führten unter dem Titel „Magisterium marcasitae" schon zur Zeit Kaiser Rudolphs II. (1576—1612) die Prager Apotheken[9], und daß sie durch Zusatz von Wasser getrübt und teilweise gefällt werde, wußte

---

[1] Zetzner „Theatrum chemicum" II, 159.   [2] Hommel, a. a. O. 918.
[3] „Glauberus concentratus" (Leipzig 1715) 313, 355, 405, 643.
[4] ebd. 341; 355, 405.
[5] Vermutlich handelt es sich um arsenhaltige Dämpfe, die das Kupfer „weissen"; s. meine „Alchemie".
[6] Zetzner VI, 452.
[7] „Works" (London 1772) I. 664ff.; Kopp „Geschichte der Chemie" IV, 110.
[8] „Works" V, 606; VI, 121.
[9] Wrany „Geschichte der Chemie in Böhmen" (Prag 1902) 69; s. Fester „Entwicklung der chemischen Technik" (Berlin 1923) 91.

bereits Libavius; in den Apotheker-Taxen aus der zweiten Hälfte des 17. Jahrhunderts, selbst in denen kleinerer Städte, wie Hannover oder Celle, ist daher die „Marchasita officinarum seu plumbi cinerei", Wissmuht, Wissmuth, Silberweiss, Lapis pyrites, häufig zu finden[1].

Johnson hält 1652 im „Lexicon Chymiae" Bisematum (Bisemuthum, Wismat, Wismaht) noch für eine Art Blei, jedoch für eine wertvollere Sorte, und scheint zu glauben, daß es aus den Silberschlacken herrührt[2]. — Becher, der Technologe und eigentliche „Vater des Phlogistons" (1635—1682), gedenkt in der „Physica subterranea" von 1669 des Bismutum (Bisemuthum, Bismuth) wiederholt[3], zuweilen als eines „metallum imperfectum" (Halbmetalles), zuweilen als eines dem Silberglanz analogen, aber vom Silber und Gold-Markasit verschiedenen Minerals[4], so daß er wohl bald das Metall im Sinne hat, bald sein Sulfid. — Lémery verwechselt 1675 Wismut mit Zinn[5], beschreibt 1683 die Darstellung des Wismut-Subnitrates im „Cours de Chymie", erklärt in dessen dritter Auflage von 1697 Wismut immer noch für einen Markasit, für ein Zinn, „genannt estain de glace", meldet ferner, daß man es in England durch Verschmelzung von Zinn, Weinstein, Salpeter und Arsen künstlich darstelle, und rät, es [wegen des Arsengehaltes] in der Medizin nur äußerlich zu benutzen[6]; selbst in dem weit späteren „Traité des drogues simples" kommt er über diese Angaben nicht hinaus[7] und erfreut sich dabei der Zustimmung Pomets, der in seinem Drogen-Werke von 1692 die Frage aufwirft, ob Wismut nicht doch als ein „unzeitiges", in seiner Entwicklung noch zurückgebliebenes Zinn anzusehen sei?[8] Daß Lémery aber das u. a. als Schminke dienende Magisterium Bismuthi [Wismut-Subnitrat] „Blanc d'Espagne" nennt, erklärt Pomet für fehlerhaft, und ist hierbei im Rechte, denn „Album hispanicum" war ursprünglich Bleiweiß[9], das schon die Frauen des Altertums zur Verschönerung des Teints benutzten, desgleichen auch die des Mittelalters und der Renaissance, letztere neben dem so furchtbar giftigen Sublimat; Agricola kennt neben „Cerussa", dem Bleiweiß aus „schwarzem Blei",

---

[1] Flückiger „Documente zu Geschichte der Pharmacie" (Halle 1876) 68, 79.
[2] London 1652; I, 39, 204; II, 47.
[3] Ed. Stahl (Leipzig 1703) 188, 258, 347, 416, 467, 505, 665, 923.
[4] ebd. 565.   [5] Kopp, a. a. O. IV, 110.
[6] Paris 1697, 115; die deutsche Übersetzung (Dresden 1726) spricht von „Eis-Zinn", das u. a. die Schmiede verwenden (!).
[7] Ausgabe von Paris 1714, 116.
[8] Deutsche Übersetzung: „Der aufrichtige Materialist" (Leipzig 1717) 680.
[9] Rulandus 369.

noch eines „aus dem weissen", dem Zinn, wohl ein Zinnoxyd, von dem er aber meint, es werde aus Zinn ebenso dargestellt wie Cerussa aus Blei, nämlich „mit Essig"[1], und dieser nämlichen Ansicht ist auch noch Becher[2]. Erst im Laufe des 17. Jahrhunderts verdrängte das unschädliche Wismut-Subnitrat das so bedenkliche Bleiweiß und trat zugleich auch das Erbe seines Namens an; dabei ist jedoch nach Beckmann zu beachten, daß zu jener Zeit das Beiwort „spanisch" in spanischem Weiß und Grün (Grünspan), spanischem Gras und Rohr, spanischen Fliegen, spanischen Dörfern usf., nur soviel als „neu, unbekannt, ausländisch" zu besagen pflegte[3]. — Wismut-Weiß versuchten übrigens die damaligen Künstler auch in der Ölmalerei zu verwerten, wie z. B. ein Manuskript des Londoner Arztes und Kunstliebhabers De Mayerne (1573—1655) bezeugt; doch gelangten Van Dyck (1599—1641) und Andere zum Ergebnis, es sei dem Bleiweiß nicht ebenbürtig und allenfalls nur für Miniaturen zu empfehlen[4]. Den Namen „glace d'étain", der sich in älteren Schriften über Malerei öfters vorfindet, bezeichnet Merrifield als „einen ehemals üblichen für Bismuth"[5].

Was die im vorstehenden wiederholt erwähnte „blaue Farbe aus Wismut" betrifft, so ist auf sie an dieser Stelle kurz einzugehen, da sie Anlaß zu der ganz irreführenden Behauptung gab, Wismut und Wismut-Malerei seien in Italien schon im 14. Jahrhundert bekannt gewesen, wie das u. a. aus Cennins Schriften hervorgehe. In der Tat beschreibt aber das „Handbüchlein der Kunst", das dieser „in den Werkstätten aufgewachsene Meister" gegen 1400 verfaßte, mit keinem Worte die sog. „Wismut-Malerei", sondern schildert nur die Benutzung metallischen Zinns zur Verzierung von Truhen und Kästchen[6]. Es erwähnt zwar den „Azzuro della Magna" (deutschen Azur)[7], doch hat man unter diesem weder eine „blaue Farbe aus Wismut" zu verstehen (die es gar nicht gibt), noch eine solche „aus den Wismut-Graupen", d. h. aus dem in diesen zurückbleibenden Kobalt; es ist nämlich bezeugt, daß in Sachsen erst gegen 1500 Weidenhammer das Kobaltblau aus den Wismut-Rückständen darzustellen lehrte, und am Verkaufe seines neuen Präpa-

---

[1] „De natura fossilium", a. a. O. Von der Überführung des primär entstehenden Acetates in das basische Carbonat (durch die Kohlensäure der Luft) wußte man damals noch nichts.
[2] „Physica subterranea" 530.   [3] „Beiträge" (Leipzig 1783 ff.) I, 496.
[4] Eastlake „Beiträge zur Geschichte der Ölmalerei" von 1847; Üb. Hesse (Wien 1907) 304.
[5] „Original Treatises..." (London 1849) II, 895.
[6] Üb. Verkade (Stuttgart 1926) 148.   [7] ebd. 45.

rates nach Venedig, zu Zwecken der dortigen Glasfabrikation, viel Geld verdiente[1]. Was bei Cennini und auch in anderen gleichzeitigen Manuskripten, z. B. in einem der Bibliothek zu Bologna, Azzuro della Magna, teutonico, tedesco oder Citramarinum heißt [im Gegensatze zum ausländischen Ultramarinum][2], ist nicht Kobaltblau, sondern das Mineral Kupferlasur (Bergblau, basisches Kupfercarbonat), wie das schon der ausgezeichnete italienische Historiker der Chemie Guareschi zeigte[3]; Cennini spricht im Cap. 60 auch ausdrücklich vom Feinreiben einer „colore naturale", also eines fertig in der Natur vorkommenden, nicht erst durch Aufbereitung gewonnenen Farbstoffes, und im Manuskript „De arte illuminandi", das nicht vor 1500 abgefaßt ist, heißt es: „Azurium fit de lapide, qui nascitur in Alemania", „Azur bereitet man aus einem Mineral, das sich in Deutschland vorfindet".[4] Erst im Verlaufe des 16. Jahrhunderts wurde Kobaltblau unter dem Namen „Zaffera" [von Saphir; verdeutscht Zaffer] in Italien näher bekannt: der hervorragende Technologe Biringuccio (1480—1538) sagt in seiner berühmten „Pirotecnia" um 1535, Zaffera diene [in Venedig] zum Färben von Glas und zum Bemalen glasierter Gefäße[5]; es sei bemerkt, daß er weder bei diesem Anlasse des Wismuts gedenkt, noch bei der Schilderung der „Mailänder Arbeiten aus gefärbtem Messing"[6], noch bei Aufzählung der Legierungen von Blei mit Zinn und Antimon, u. a. der zum Letterngusse dienlichen[7]. „Azzuro della Magna" ist auch bei ihm der Farbstoff aus einem Kupfermineral[8]. — Rosetti, dessen Werk über die Färberei, „Plichto" betitelt, im nämlichen Jahre (1540) erschien, erwähnt gleichfalls „zafferano"[9], ebenso Porta in der „Magia naturalis" (verfaßt 1569?) „zaffera" oder „zaphera"[10]; keiner von beiden spricht über Wismut, und auch Garzoni führt es in seiner großen Beschreibung der Künste und Handwerke, der „Piazza universale" von 1584, weder in den Absätzen über Metalle und Legierungen an, noch in jenen über Buchdruckerei[11], und weiß noch in einer späteren, vielfach erweiterten Auflage nur zu sagen, die Schriftgießer verfertigten ihre Buchstaben „aus einer gewissen Composition",

---

[1] Beckmann „Beiträge" III, 219ff. Später wurde das Verfahren durch Schürer noch wesentlich verbessert.
[2] Citra (lat.) = diesseits, ultra = jenseits (des Meeres).
[3] „Storia della Chimica" (Turin 1901 ff.) V, 322, 379; VI, 340.
[4] ebd. V, 343, 349, 361.
[5] Venedig 1540; lib. 2, cap. 9.   [6] ebd., lib. 1, cap. 8.
[7] ebd., lib. 1, cap. 5 u. 8; lib. 9, cap. 7.
[8] Guareschi IV, 441; Beckmann „Beiträge" III, 195.
[9] Venedig 1540, 433. Guareschi VI, 348ff.
[10] Leiden 1651, 270.   [11] Venedig 1592, 563, 835.

deren Geheimnis ihm aber offenbar verschlossen blieb[1]. — Der erste italienische Naturforscher, der dem Wismut wenigstens einige Zeilen widmete, war wohl der so vielseitige Caesalpinus (1519—1603): dem Buche „De metallicis" von 1596 zufolge ist es deutschen Ursprunges und führt daher den aus dem Deutschen entlehnten Namen „Bisemutum"; es ist anscheinend eine „Marcasita nigra" [schwarzer Markasit], eine Art Molybditis [d. i. Graphit!], und man sagt, daß ein Zusatz davon gewöhnliches Zinn so schön wie englisches mache, und daß es zusammen mit Antimon in der Buchdruckerei benutzt werde[2]. Vermutlich schöpfte Caesalpinus letztere Angabe aus einer Schrift des berühmten Arztes Fallopio (1523—1562), die gelegentlich einer „Marcasita librariorum" gedenkt, so geheißen, weil sie in die Legierung eingeht, aus der die Buchdrucker ihre Lettern gießen. Auf diese Stelle beruft sich auch noch 1648 Aldrovandi in seinem großartigen „Museum metallicum", anschließend an die „neuerdings" von Cardanus mitgeteilte Tatsache, daß es neben den längst bekannten Arten Blei noch ein „plumbum cinereum" gebe, eine Art „lapis plumbarius" [Graphit!][3], die zwischen Blei und Zinn steht, und den aus seiner Legierung mit letzterem angefertigten Gefäßen den Glanz des Silbers verleiht[4]. — Selbst der gelehrte, in Rom tätige Polyhistor Athanasius Kircher weiß 1665 im „Mundus subterraneus" (Unterirdische Welt) nicht mehr vorzubringen, als daß Plumbum cinereum, auch Marcasita, Magnesia alba oder Bismuthum genannt, den Legierungen mit Zinn alle die unzählbaren bunten Farben übermittle, die die Natur schon ihm selbst zuteilte[5]. Noch ist einer absonderlichen Verwendung des Wismuts Erwähnung zu tun, nämlich jener zur Verbesserung des Weines; ein derartiger, beim Schwefeln des Weines üblicher Zusatz wurde schon um 1600 gesetzlich verboten, wohl weil man das (unreine) Wismut seines Arsengehaltes wegen für gesundheitsschädlich erachtete[6]. Daß er überhaupt erfolgte, ging vielleicht auf alchemistische Überlieferungen zurück, denn da das Antimon, mit dem Wismut so lange verwechselt oder gleichgesetzt wurde, zur metallurgischen Reinigung des Goldes diente, schrieb man ihm daraufhin auch andere derartige Wirkungen besonderer Art zu; hieraus erklärt sich z. B. die sonst kaum verständliche Anwendung von Spieß-

---

[1] Vgl. die deutsche Übersetzung, Frankfurt 1659, 967.
[2] Ausgabe von Nürnberg 1602, 186; ursprünglich Rom 1592.
[3] Der Gleichsetzung von Graphit und Blei entsprang unser Name „Bleistift".
[4] „Mus. metall." (Bologna 1648) 161, 167.
[5] Amsterdam 1665; II 306. [6] Beckmann „Beiträge" I, 200.

glas zur Klärung von Zuckersäften, die im 17. Jahrhundert vielfach gebräuchlich war und sich trotz ihrer völligen Nutzlosigkeit mancherorts bis gegen 1800 erhielt[1].

7. Das Wismut im 18. Jahrhundert.

Auch im Anfange des 18. Jahrhunderts nahmen die Kenntnisse vom Wismut kaum oder doch nur sehr allmählich zu. Der in Frankreich tätige Arzt und Chemiker Homberg (1652—1715) erwähnt 1701 eine von ihm dargestellte, sehr leichtflüssige Legierung aus Blei, Zinn und Wismut, die er bei anatomischen Studien zur Injektion von Gefäßen benutzte[2]. — Valentini beschränkt sich 1714 in seinem dickleibigen „Museum Museorum" auf Wiedergabe der älteren Nachrichten über die Markasite Bismuthum und Zink sowie auf die Abbildung des Ausseigerns und erwähnt eine Wismut-Schminke unter dem Namen „Cosmeticum Cluvii"[3]. — Was Barchusen 1718 in den „Elementa Chymiae" vorbringt, ist durchaus unklar und scheint auf Verwechslung von Wismut und Zink hinzudeuten[4]. — Stahl (1660—1734), der bedeutende Arzt, Chemiker und Verfechter der „Phlogiston-Theorie", der schon 1696 in den „Bedenken gegen Becher" auch die „unreifen" Stoffe Wismut, Zink, Spiessglass und regulinisches [gediegenes] Arsen doch für wahre Metalle erklärt hatte[5], sagt noch 1718 in „Vom Sulfure"[6] und 1720 in der „Chymia rationalis"[7], Wismut sei ein wenig bekanntes, bisher kaum untersuchtes, dem Zink ähnliches Metall oder Halbmetall, dessen „Magisterium" [das Subnitrat] bei manchen hitzigen Krankheiten Abhilfe bringe; in den „Fundamenta Chymiae" von 1732 fügt er nur noch bei, Wismuterz enthalte viel Arsen, Wismut gebe leicht einen „Kalk" und diene auch zur Bereitung eines kosmetischen Salzes[8], ja selbst in der „Metallurgie" von 1744 weiß er diese Ausführungen in nichts Wesentlichem zu ergänzen[9]. Unter dem „Kalk" kann möglicherweise das Subnitrat verstanden sein, vielleicht aber auch ein Oxyd, denn daß sich Wismut ebenso wie viele andere Metalle „verglasen" (oxydieren) läßt, hatte Dufay bereits 1727 als etwas sehr Bemerkenswertes bekannt-

---

[1] S. meine „Geschichte des Zuckers" (Berlin 1929) 518.
[2] „Mémoires de l'Académie" (Paris 1701?). — Der analogen Newtonschen Legierung von 1701 ist schon weiter oben gedacht worden (S. 20).
[3] Frankfurt 1714; I, 88.   [4] Leiden 1718, 261 ff., 475.
[5] Ausgabe von Frankfurt 1723, 274.   [6] Halle 1718, 33, 219.
[7] Leipzig 1720, 425.   [8] Nürnberg 1732; III, 417; II, 115, 37.
[9] Leipzig 1744, 37.

gegeben¹. — Nach Junckers „Conspectus Chemiae" (1730) zeigt das Vorkommen von Wismut keineswegs ein solches von Silber an, auch entsteht Silber nie durch „Reifen" von Wismut², und alle Behauptungen über dessen künstliche Herstellung in England und über seine alchemistische Bedeutung sind hinfällig; dieses „Plumbum gryseum" [graues Blei] ist ein dem Zink nahverwandtes, aus Arsen und einer glasigen Erde bestehendes Halbmetall, das auch „Magnet der Metalle" genannt wird, weil es mit vielen von ihnen Amalgame und Legierungen gibt, für deren wichtigste jene der Buchdrucker gilt, der allein Wismut die erforderliche Härte, Festigkeit und Leichtflüssigkeit verleiht³. — Der als Forscher und Lehrer gleich ausgezeichnete Boerhaave schweigt 1732 in seinen nach vielen Richtungen vorbildlichen „Elementa Chemiae" von Wismut gänzlich; auch in den Indices ist es nicht zu finden⁴.

Als erste genaue Untersuchung tritt uns 1739 die des Berliner Chemikers Pott entgegen, „Observationes et animadversiones de Vismutho" (Beobachtungen und Bemerkungen über das Wismut)⁵, die aber nur wenig Beachtung fand. — Hellot beschrieb 1737 eine aus Wismut dargestellte „sympathetische Tinte", deren Schriftzüge erst beim Erwärmen sichtbar hervortraten⁶, die jedoch nach Beckmann mindestens schon 1705 bekannt war, vielleicht sogar noch früher⁷; bald darauf (1744) bewies indessen der Arzt und Naturforscher Gesner (1694—1760), daß ihr charakteristischer Bestandteil nicht Wismut sei, sondern das in den Wismut-Rückständen enthaltene Kobalt⁸, und unabhängig von ihm zeigte 1749 auch der Berliner Chemiker Neumann (1683—1737), daß die blaue Farbe allein aus dem Kobalt der Graupen und die sympathetische Tinte allein aus Kobaltsalzen zu gewinnen sei⁹. — Marggraf beobachtete 1745 die Löslichkeit von Wismut in „mit Ochsenblut geschärftem Laugensalz" [= Cyankalium]¹⁰, und 1753 ließ der jüngere Geoffroy die zweite maßgebende Arbeit über das „dem Blei so ähnliche" Wismut

---

¹ Klaproth „Suppl." IV, 814 (s. unten).
² Noch 130 Jahre später erwähnt der bekannte Mineraloge Quenstedt die Fortdauer dieses Aberglaubens, „wie denn auch noch heute das Volk wähnt, Rothgülden (Rothgültigerz), das aus Silber, Schwefel und Antimon besteht, sei nichts anderes, als durch die Zeit herangereifter Zinnober"! („Deutsche Vierteljahrsschrift" 1856, 154).
³ Leipzig 1730; 1048, 771.
⁴ London 1732; ebenso auch in der „rechtmäßigen" Ausgabe, Leiden 1745.
⁵ „Observ. chym. coll." I, 134; vgl. Zippe 246.
⁶ „Mém. de l'Acad." 1737. Vgl. Macquer „Theoretische Chemie" (Leipzig 1752) 376.
⁷ „Beiträge" II, 298. ⁸ Beckmann, ebd.
⁹ Wallerius III, 143, 174. ¹⁰ ebd. III, 177.

7. Das Wismut im 18. Jahrhundert.

erscheinen, „Analyse chimique du Bismuth"[1], der aber zunächst nicht mehr Berücksichtigung zuteil wurde als jener Potts. Noch die späteren Auflagen des vielgelesenen, zuerst 1746 erschienenen „Handlungs-Lexicons" von Hübner-Zincken wiederholen nur die althergebrachte Leier vom Marcasit Bismuthum oder étain de glace, vom Blanc d'Espagne oder Spanisch-Weiß usf.[2]

Der praktisch erfahrene und ungewöhnlich belesene sächsische Bergrat Henkel gab 1754 seine „Kieshistorie" heraus, ein reichhaltiges und weitläufiges Werk von über 900 Seiten. Über „Plumbum cinereum, Pyrites cinereus, Marcasita alba" sagt er, es sei dies nur ein einziges, dem Antimon ähnliches Halbmetall, trotz der vielen Namen „Wissmuth und Wissmath, Weismuth und Wisemuth, Bismuthum und Buesmuth", „deren Rothwelsch solch eine gräuliche Verwirrung anrichtete, ... dass ein gedoppelter Muth oder Bis-Muth nöthig ist, sie aufzuklären"[3]. Die alten Autoren, schon seit Rulandus, „reden drauf los" von Wissmath und Wissmathblumen, sie glauben an die Kraft seiner bunten Farben „als hätten sie Noahs Regenbogen gewiss schon beim einen Flügel erwischt"[4]. Der eine hält es für dieses Metall, der andere für jenes, so noch selbst ein Bergbeflissener wie Löhneiss[5] für Zink[6]; aber in Wahrheit ist es eine einheitliche Abart des Markasits, die sich schon bei gelindem Seigern verflüssigt und abfließt, während die Graupen zurückbleiben und die nämliche blaue Farbe ergeben wie Kobalterz[7]. In der „Flora saturnizans" von 1755 wiederholt Henkel seinen Wortwitz und fügt noch hinzu[8]: „Wenn die Bergleute auf Kobalt und Silber irgendwo auf das sog. Wissmuth-Erz stossen, so macht es ihnen einen gedoppelten Muth, einen Bis-Muth, ... weil sie es für den Samen edler Metalle halten; ... doch ist es kein solcher, ... trotz seinem Pfauenschwanz, ... wie es wohl auch in der Medicin wenig zum Austreiben von Fieber taugt."

Der als Technologe und Chemiker sehr angesehene Justi kommt in den Jahren 1758 und 1760 in der „Abhandlung von denen Manufacturen"[9] und den „Chymischen Schriften"[10] auf das Wismut zu reden: es ist „noch kaum gekannt", führt zwar Henkel zufolge nicht Zink als Grundlage, vielleicht aber Blei und daneben Arsen, Alkali sowie ein brenzliches Wesen, kommt übrigens in der Natur nie rein vor, sondern kann so nur künstlich gewonnen werden, nämlich durch Verschmelzen von

---

[1] „Mém. de l'Acad." 1756, 296. Vgl. Kopp IV, 110; Zippe, a. a. O.
[2] Hamburg 1746, 1262. [3] Leipzig 1754, 92ff.; 424. [4] ebd. 100, 164.
[5] Vgl. dessen „Bericht vom Bergwerk" (1617). [6] Henkel 522.
[7] ebd. 424, 684. [8] Leipzig 1755, 208.
[9] Kopenhagen 1758; II, 222, 488. [10] Berlin 1760; I, 3ff., 268, 440.

Zinn, Arsen, Salpeter und Weinstein. Gleich dem verwandten Kobalt gibt es eine blaue Farbe, ferner gebrauchen es französische Fabriken zur Herstellung einer Art weißen glänzenden Silbers [Musivsilbers], mit dem sie Spitzen und Borten überziehen. — Jacobi geht in seiner „Dissertatio de Bismuto" von 1761 (?) nochmals auf den ganzen Wust älterer Überlieferungen ein, vom sog. Geber an bis auf Glauber, ohne irgend etwas von wirklichem Belange beizubringen[1]; Spielmann beruft sich 1763 in den im ganzen vortrefflichen „Institutiones Chemiae" im wesentlichen auf Pott[2] und steht in der „Materia medica" den medizinischen Wirkungen des Wismuts skeptisch gegenüber, abgesehen vom „Magisterium", das er auch als „Blanc d'Espagne" bezeichnet und auf den angeblichen Basilius Valentinus zurückführt[3]. Das „Magisterium" kommt als „Bismutkalk, Bismut-Schminke, Spanisch-Weiss, ... was freilich eigentlich Bleiweiss bedeutet" auch in Bohns „Neueröffnetem Waarenlager" von 1763 vor[4], ebenso noch in Schedels „Waaren-Lexicon", das als Bezugsort der besten Sorte von größter Ausgiebigkeit Paris angibt[5]; Baumé kennt es dort 1766 als „Blanc de fard", Schminkweiß, bringt aber im übrigen nur sehr Dürftiges über Wismut bei[6]. Der Anspruch Odiers, er habe 1768 das Magisterium in den Arzneischatz eingeführt[7], ist natürlich ganz unberechtigt. — Nach Wallerius (1772) ist Wismut ein besonderes, aus einer metallischen Erde und brennbarer Materie bestehendes Halbmetall, wird aus Kobalterzen ausgeseigert, wobei die „Recrementa Vismuthi" [Rückstände, Graupen] erübrigen, und ergibt mit Zinn und Quecksilber „ein unächtes Mal- und Musiv-Silber"[8].

Erst um das letzte Viertel des 18. Jahrhunderts beginnt die eigentliche wissenschaftliche Erforschung der chemischen Reaktionen und auch der physikalischen Eigenschaften des Wismuts sowie seiner anorganischen und organischen Salze, gegründet auf die Arbeiten der großen Meister des Zeitalters, z. T. die Scheeles (1742—1786)[9], vor allem aber die

---

[1] Macquer „Chymisches Wörterbuch", Üb. Leonhardt (Leipzig 1788ff.) VII, 271.
[2] Straßburg 1763, 103, 134, 145.
[3] Straßburg 1785, 496. Dieses Werk erschien erst posthum.
[4] Hamburg 1763, 679, 1051.
[5] Offenbach 1790; II, 602. Der Ausgiebigkeit halber dient Wismut-Weiß noch jetzt zum Schminken der Zirkus-Clowns!
[6] „Manuel de Chymie" (Paris 1766) 261.
[7] Ladenburg „Chemisches Wörterbuch" (Breslau 1895) XIII, 227.
[8] a. a. O. II, 155, 168ff., 183; 82, 83.
[9] „Physikalische und chemische Werke", ed. Hermbstädt (Berlin 1793), z. B. II, 258, 307.

Bergmans (1735—1784)[1]. Auch diese noch im einzelnen zu erörtern, plant jedoch die vorliegende Arbeit nicht mehr; Lavoisier geht zwar über sie noch so ziemlich hinweg[2], aber sehr vollständige Zusammenstellungen finden sich schon in Macquers „Dictionnaire" (1788ff.)[3] sowie in den ersten großen Hauptwerken des 19. Jahrhunderts, z. B. in Klaproths „Chemischem Wörterbuch" (1810)[4] und in Berzelius' „Lehrbuch", dessen erste Auflage Palmstedt und Blöde 1824 ins Deutsche übersetzten[5].

8. Rückblick.

Die vorstehenden Darlegungen zeigen, wie langsam sich selbst in einem verhältnismäßig einfachen und dabei praktisch belangreichen Falle der Fortschritt der Erkenntnis vollzog und gegen wie mannigfache Irrtümer und Vorurteile (auch gelehrter Kreise) die Wissenschaft jahrhundertelang immer wieder aufs neue anzukämpfen hatte, bevor die richtige Einsicht schließlich zum Durchbruche kam. In dieser Beziehung dürfen sie daher dauernde geschichtliche Bedeutung beanspruchen.

---

[1] „Opuscula" (Stockholm 1779ff.), s. Register VI, „Vismutum". „Traité des affinités chimiques ou attractions électives" (Paris 1788) 245. — Vgl. Wiegleb „Geschichte des Wachsthums u. der Erfindungen in der Chemie" (Berlin 1792) I, 176, 224, nach den Veröffentlichungen von 1779 u. 1782; Kopp IV, 110; Zippe, a. a. O.

[2] „Traité élementaire de Chimie" (Paris 1789) I, 181, 192.

[3] Hauptstelle VII, 371ff.; Register VII, 883: $3^1/_2$ Spalten.

[4] Berlin 1810; V, 675. „Supplemente" (ebd. 1819) IV, 403, 814.

[5] Dresden 1824; II (2), 421.

Namen- und Sachverzeichnis.

Adolf von Nassau 21.
Aes cinereum (Schiefer) 12.
Agricola 9, 11ff., 15, 16, 22, 30.
Albedo 26, 28.
Albert d. Große (Albertus Magnus) 8.
Aldrovandi 33.
Album hispanicum 30.
Alchemie 8, 10, 15, 16, 17, 29, 35.
Anthemonion 24.
Antimon s. Spießglas.
Antimonglanz (Antimonsulfid) s. Spießglas.
Antimonmetall 16, 17, 20 21, 24, 29, 32, 36.
Arnoldus von Villanova 8.
Arsen 13, 16, 17, 29, 30, 34—37.
Ars illuminandi 32.
Aschenblei 11, 13.
Augsburg 21.
Azzuro della Magna 31ff.

Baden b. Wien 27.
Bapst 25.
Barchusen 34.
Bartsch 25.
Basilius Valentinus 9, 28, 37.
Bastard 11, 27, 28, 29.
Baumé 37.

Becher 30, 31, 34.
Beckmann 18, 26, 28, 31, 32, 33, 35.
Bergblau 27, 32.
Bergman 38.
Berzelius 38.
v. Bezold 7.
Biringuccio 32.
Bismuteria 12.
Blanc de fard 37.
Blanc d'Espagne 30ff., 36, 37.
Blei 10, 11, 12, 15, 16, 20, 28, 30, 32, 36.
Bleiweiß 30, 31 37.
Blöde 38.
Bobertag 25.
Boerhaave 35.
Böhmen 12, 15, 16.
Bohn 37.
Boyle 29.
Bologna 32.
Brugsch 24.
Blümner 24.
Brunschwig 26.
Buchdruck 18ff., 32, 33.
Bucher 17, 18, 27.
Buchstaben 19ff., 32.
Burgund 25.

Caesalpinus 33.
Calaëm 17.
Cardanus 14, 33.
Celle 30.
Cennini 31, 32.
Chemnitz 11.

Citramarinum 32.
Conterfey 11, 14, 15, 28.
Cosmeticum Cluvii 34.
Coster 19.
Cyprium 15.

Dach des Silbers 11, 12, 13.
Darmstaedter 9, 11, 12, 13, 14, 17, 23, 26.
De Mayerne 31.
Diergardt 23.
Doering 27.
Dornaeus 16.
Dresden 27.
Du Cange 25.
Du Chesne 28.
Dufoy 34.

Eastlake 31.
Eisenerz (Ort) 24.
Eisenkies 8, 13.
Electrum 15.
Encelius 15, 26.
England 16, 30, 35.
Ercker 15.
Étain de glace 30, 36.
v. Eye 7.

Fabricius 12, 15, 16.
Fallopio 33.
Farben der Mineralien 27.
Faulmann 19, 27.
Feldhaus 24.
Fester 29.

Florenz 27.
Flückiger 30.
Frankenhausen 28.
Freiberg 9.
Fritz 9.
Fust 19, 20, 21.

Garzoni 14, 32.
Gatterer 18.
Geber 37.
Geoffroy 35.
Gernsheim 20.
Gesner 35.
Glauber 29, 37.
Glismat 27.
Gmelin 8.
Göpfert 9, 14, 22, 23, 25, 26, 27.
Goslar 26.
Graphit 33.
Grimm 27.
Guareschi 32.
Gudrun 25.
Gutenberg 19ff.

Hainhofer 27.
Halbmetall 15, 16, 17, 29, 30, 34—37.
Hampe 17, 18.
Hannover 30.
Hans Sachs 22.
Hardting 17.
Harsdörffer 27.
Harz 26.
Hellot 35.
Henkel 36.
Heraklius 24.
Hermbstädt 37.
Herzog Ernst 25.
Hesse 31.
Hessen 26.
Hollandus 9.
Holz 16.
Homberg 34.
Hommel 15, 25, 29.
Hoops 24.
Hoppe 9.

Hübner-Zincken 25, 36.
Hürus 21.
Huser 10, 11.

Innsbruck 27.
Italien 31ff.
Itmid 24.

Jacobi 37.
Jenaer Liederhandschrift 16.
Joachimsthal 11.
Johnson 22, 30.
Jost Amman 22.
Juncker 35.
Jungius 28.
Justi 36.

Kandelgießer 14, 21.
Karl der Kühne 25.
Kenntmann 15.
Kircher 33.
Klaproth 35, 38.
Klinckowstroem 9.
Kluge 23, 27.
Kobalt 12, 29, 35, 37.
Kobalt-Blau 11, 13, 15, 28, 31ff., 36, 37.
Kobert 7, 8.
Koelsch 10.
Köln 21.
Konrad von Megenberg 15.
Konrad von Würzburg 15.
Kopp 8, 29, 36, 38.
Kunstbüchlein 12.
Kupferlasur 27, 32.
Kux 9, 12.

Lapis plumbarius 33.
Ladenburg 37.
Latz 8.
Lavoisier 38.
Lémery 30.
Leonhardt 37.

Letternmetall 20ff., 32, 33, 35.
Libavius (Liebau) 16, 30.
Limburg 25.
Lippmann 9.
Löhneiss 36.
Lonicerus 15.
Luschin v. Ebengreuth 26.

Macquer 35, 37, 38.
Magisterium Bismuthi (Marcasitae) 29ff., 34, 37.
Magnesia 11, 16, 17, 28, 29, 33.
Maigne d'Arnis 25.
Mailand 14, 32.
Mainz 19ff.
Majer 29.
Marchasch (Markata, Margad) 8.
Marggraf 35.
Markasit 8, 10, 13, 16, 17, 26, 28, 30, 33, 34, 36.
Massa 11, 24ff.
Mât 24.
Materie 11, 25ff.
Mathesius 13ff., 16, 22, 23.
Matte 25.
Mâza 24.
Meid 25.
Meißen 10, 15, 26.
Merrifield 31.
Messing 14, 19, 24ff., 32.
Moehsen 26.
Mons Scotus 14.
Molybditis 33.
Montanus 25.
Münster (Sebastian) 15.
v. Murr 20, 21.
Musivgold 12.
Musivsilber 37.

Namen- und Sachverzeichnis.

Muthen (muten) 26.
Mythan 15, 28.

Neuburg 26.
Neumann 35.
Newton 20, 34.
Nürnberg 7, 17, 20, 21.
Nürnberger Rathsverlässe 17.

Odier 37.
Ölmalerei 31.
Orthelius 29.
Oswald von Wolkenstein 27.

Palmstedt 38.
Paracelsus 7, 9ff., 16, 17, 23, 25.
Paris 37.
Peltrum 14.
Peltzer 25.
Penotus 8.
Petrus Albinus 16ff.
Phlogiston 30, 34.
Planetenmetalle 13, 16, 29.
Plumbum cinereum 11, 12, 13, 15, 16, 22, 28, 29, 30, 33, 36.
Plumbum gryseum 35.
Pomet 30.
Porta 32.
Pott 35, 36, 37.
Prag 29.
Pyrit 8, 13, 30, 36.

Quenstedt 35.
Quercetanus 28.

Ravensburg 21.
Regalrechte 9, 26.
Rheims 25.
Riplaeus (Riplay) 8.
Roger Bacon 8.
Rosetti 32.

Rössing 24.
Roth 14, 17, 18, 21.
Rudolph II. 29.
Rulandus 22, 26, 28, 30, 36.
Rülein von Kalbe 9, 26.
Rumelant 15.
Ruska 24.

Salmiak 8.
Salpeter 30, 37.
Saragossa 21.
Saran 16.
Schedel 37.
Scheele 37.
Schmeller 27.
Schneeberg 9, 11, 12, 14, 15, 16, 23.
Schierl 23.
Schoeffer 19ff.
Schotten 14.
Schrott 27.
Schulte 21.
Schwarzwald 26.
Schürer 32.
Schwefel-Quecksilber-Theorie 13, 17, 28.
Sendivogius 29.
Sevilla 21.
Siegerland 24.
Silber aus Wismut 10, 13, 35.
Silberschrift 8.
Spanisch Weiß 31, 36, 37.
Spielmann 37
Spießglas 10, 11, 12, 16, 17, 33, 34.
Stahl 30, 34.
Stannum glaciale 29.
Stegmann 7.
v. Stetten 21.
St. Georgen 16.
Stibi, weißes 17.
Stibium s. Spießglas.
Stimmi 24.
Straßburg 26.

Sublimat 30.
Sudeten 15.
Sudhoff 10.
Sympathetische Tinte 35.

Tabernämontanus 23.
Temperatura 22.
Theophilus 24, 25.
Thölde 28.
Thüringen 26.
Thurneisser 16.
Trithemius 19, 20.
Tutia 29.

Valentini 34.
Van Dyck 31.
Van Helmont 28.
Venedig 14, 32.
Verkade 31.

Wallerius 23, 26, 35, 37.
Wasmuth 27.
Weidenhammer 31.
Weigel 23.
Weinkannen 12, 14.
Weinstein 30, 37.
Weißmessing 14.
Wessely 8.
Wibel 7, 23, 24.
Wiegleb 38.
Winandus 17.
Wismut aus Zinn 30.
Wismut in der Medizin 28ff., 34, 36, 37.
Wismut, künstliches 30, 35, 36.
Wismut zur Weinverbesserung 33.
Wismut-Blüte 13, 16, 28.
Wismut-Graupen 13, 16, 29, 31, 35, 36, 37.
Wismut-Kalk 34, 37.
Wismut-Legierungen 20, 32ff., 34, 35.
Wismut-Malerei 7, 17, 18, 31.

Wismut-Metall 7, 23.
Wismut-Oxyd 34.
Wismut-Schminke 30ff., 34, 37.
Wismut-Subnitrat s. Magisterium Bismuthi.
Wismut-Sulfid 7, 17, 23, 30.

Wismut-Vitriol 28.
Wismut-Zeche 9, 12, 16.
Witte u. Wichte 26.
Wood's Metall 20.
Wrany 29.

Zaffera 32.
Zedler 19.
Zetzner 8, 29.
Zink 11, 17, 29, 34, 35, 36.
Zinn 10, 11, 12, 14—17, 20, 29ff., 37.
Zinngießer 10, 14, 15, 21.
Zippe 23, 36.

Verlag von Julius Springer in Berlin

Alchemistische Rezepte des späten Mittelalters. Aus dem Griechischen übersetzt von **Otto Lagercrantz.** 22 Seiten. 1925. RM 1.80

Die Alchemie des Geber. Übersetzt und erklärt von Dr. **Ernst Darmstaedter.** Mit 10 Lichtdrucktafeln. X, 202 Seiten. 1922. RM 12.—; gebunden RM 13.25
Das Buch bringt zum ersten Male wichtige alchemistische Texte, die Schriften des Geber, die Jahrhunderte hindurch hoch angesehen waren und für die Entwicklung der Chemie von großer Bedeutung sind, in exakter deutscher Übersetzung, mit Erklärungen und einem Verzeichnis alchemistischer Ausdrücke.

Aus pharmazeutischer Vorzeit in Bild und Wort. Von **Hermann Peters.** Erster Band. Mit zahlreichen in den Text gedruckten Abbildungen und 1 Tafel. Dritte, umgearbeitete Auflage. XIV, 296 Seiten. 1910. RM 7.—
Neue Folge. Mit zahlreichen Textabbildungen. Zweite, vermehrte Auflage. XIV, 321 Seiten. 1899. Unveränderter Neudruck. In Vorbereitung.

Die Gifte in der Weltgeschichte. Toxikologische, allgemeinverständliche Untersuchungen der historischen Quellen. Von Professor Dr. **L. Lewin.** XII, 596 Seiten. 1920. RM 21.—

Hippokrates. Eine Auslese seiner Gedanken über den gesunden und kranken Menschen und über die Heilkunst. Sinngemäß verdeutscht und gemeinverständlich erläutert von Dr. med. et phil. **Arnold Sack.** Mit einem Bildnis. VI, 87 Seiten. 1927. RM 3.60; gebunden RM 4.50

Theophrastus von Hohenheim genannt Paracelsus. Von der Bergsucht und anderen Bergkrankheiten. Bearbeitet von Dr. **Franz Koelsch,** Ministerialrat im Bayr. Staatsministerium für Soz. Fürsorge, Bayr. Landesgewerbearzt, a. o. Professor an der Universität München. (Heft 12 der „Schriften aus dem Gesamtgebiet der Gewerbehygiene".) Mit einem Bildnis. VI, 70 Seiten. 1925. RM 4.80

[B] **Die ärztlichen Kenntnisse in Ilias und Odyssee.** Von **Otto Körner,** Professor in Rostock. VIII, 90 Seiten. 1929. RM 5.60

Neu-Japan. Reisebilder aus Formosa, den Ryukyuinseln, Bonininseln, Korea und dem südmandschurischen Pachtgebiet. Von Professor Dr. **Richard Goldschmidt.** Mit 215 Abbildungen und 6 Karten. VII, 303 Seiten. 1927. Gebunden RM 18.—

Im Lande der aufgehenden Sonne. Von Professor Dr. **Hans Molisch,** Wien. Mit 193 Abbildungen im Text. XI, 421 Seiten. 1927. Gebunden RM 24.—

Das mit [B] bezeichnete Werk ist im Verlage von J. F. Bergmann, München, erschienen.

Verlag von Julius Springer in Berlin

Studien zur Geschichte der Chemie. Festgabe Edmund O. v. **Lippmann** zum siebzigsten Geburtstage dargebracht aus Nah und Fern und im Auftrage der Deutschen Gesellschaft für Geschichte der Medizin und der Naturwissenschaften. Herausgegeben von **Julius Ruska.** Mit einem Bildnis. VI, 242 Seiten. 1927. RM 19.50

Die Entwicklung der chemischen Technik bis zu den Anfängen der Großindustrie. Ein technologisch-historischer Versuch. Von Professor Dr. phil. **Gustav Fester,** Frankfurt a. M. VIII, 225 Seiten. 1923. RM 7.50; gebunden RM 9.—

Die geschichtliche Entwicklung der Chemie. Von Dr. **Eduard Färber.** Mit 4 Tafeln. XII, 312 Seiten. 1921. RM 11.75

Geschichte der organischen Chemie. Von **Carl Graebe.** I. Band. X, 406 Seiten. 1920. RM 13.—; gebunden RM 16.—

Ludwig Darmstaedters Handbuch zur Geschichte der Naturwissenschaften und der Technik. In chronologischer Darstellung. Zweite, umgearbeitete und vermehrte Auflage. Unter Mitwirkung von Professor Dr. R. du Bois-Reymond und Oberst z. D. C. Schaefer herausgegeben von Professor Dr. **L. Darmstaedter.** XII, 1262 Seiten. 1908. Gebunden RM 24.—

Die Naturwissenschaften

Herausgegeben von

Arnold Berliner

unter besonderer Mitwirkung von Hans Spemann in Freiburg i. Br.
Organ der Gesellschaft Deutscher Naturforscher und Ärzte und Organ der Kaiser Wilhelm-Gesellschaft zur Förderung der Wissenschaften

Erscheint wöchentlich — zur Zeit im 18. Jahrgang
Preis vierteljährlich RM 9.60 / Einzelheft RM 1.—
Generalregister für die Jahrgänge I—XV: RM 6.60

Den Mitgliedern der Gesellschaft Deutscher Naturforscher und Ärzte sowie den Mitgliedern der Kaiser Wilhelm-Gesellschaft werden bei direktem Bezug vom Verlag Vorzugspreise eingeräumt

Als Beilage werden mitgeliefert:
Mitteilungen der Gesellschaft Deutscher Naturforscher und Ärzte

Die weitgehende Spezialisierung der Naturwissenschaften stellt jeden Forscher vor die Notwendigkeit, sich fortlaufend Einblick in Forschung und Fortschritte sowohl der exakten wie der beschreibenden Naturwissenschaften, der reinen wie der angewandten, zu verschaffen. — „Die Naturwissenschaften" berichten in Originalarbeiten, kurzen vorläufigen Mitteilungen und Referaten über das weite Gesamtgebiet, wobei die Verfasser sich in erster Linie nicht an ihre eigenen Fachgenossen, sondern an die auf den Nachbargebieten Tätigen wenden, um ihnen den Überblick über den Zusammenhang ihres eigenen Faches mit den angrenzenden Fächern zu vermitteln.

MIX
Papier aus verantwortungsvollen Quellen
Paper from responsible sources
FSC® C105338

If you have any concerns about our products,
you can contact us on
ProductSafety@springernature.com

In case Publisher is established outside the EU,
the EU authorized representative is:
**Springer Nature Customer Service Center GmbH
Europaplatz 3, 69115 Heidelberg, Germany**

Printed by Libri Plureos GmbH
in Hamburg, Germany